平衡整理
从物品整理到人生整理

金迪 —— 著

中国纺织出版社有限公司

内 容 提 要

本书提出一种融合东西方文化智慧的整理理念——平衡整理。该理念倡导人们"理物""理人""理心"，即倡导人们在空间、时间和资源有限的情况下，遵循适度原则，合理取舍周边的物品、安排自己的生活节奏、调和内心的欲望，让物归其位，让人生归于自己真正想要的样子，从而真正地活出自我。

图书在版编目（CIP）数据

平衡整理：从物品整理到人生整理 / 金迪著.
北京：中国纺织出版社有限公司，2025.4.--ISBN 978-7-5229-2537-0

I.B821-49

中国国家版本馆CIP数据核字第2025NQ3262号

责任编辑：刘 丹　　责任校对：高 涵　　责任印制：储志伟

中国纺织出版社有限公司出版发行
地址：北京市朝阳区百子湾东里A407号楼　邮政编码：100124
销售电话：010—67004422　传真：010—87155801
http://www.c-textilep.com
中国纺织出版社天猫旗舰店
官方微博 http://weibo.com/2119887771
北京华联印刷有限公司印刷　各地新华书店经销
2025年4月第1版第1次印刷
开本：880×1230　1/32　印张：7.5
字数：200千字　定价：58.00元

凡购本书，如有缺页、倒页、脱页，由本社图书营销中心调换

推荐序

整理就是自我管理

最早接触"整理"的概念，是在十六七年前我前往日本丰田汽车学习时。彼时，日本几乎所有企业（尤其是汽车业）普遍实施"3S"管理（如今已发展为"7S"或"8S"管理）。"3S"管理是三个单词的组合——"整理"（Seiri）、"整顿"（Seiton）和"清扫"（Seiso）。

与日本友人交往越多，我越发感觉日本家庭在生活中对整理的重视。他们在空间使用上有着深入的思考，甚至出现了专业的整理收纳师及整理收纳培训师。当时，我并未深究，认为这仅仅是与日本地贵人密的情况有关。

后来，我读到山下英子的《断舍离》，这本书彻底改变了我过去的认知。日本整理收纳师并不支持在不减少物品数量的基础上做整理，而是从根本上反思自己与物品的关系，对物品进行简化和取舍，为人们省出整理的时间、空间、劳力和精力。

著有《不持有的生活》的作者金子由纪子与山下英子有着相似的理念，提倡通过"拥有少量的、有用的、有品位的东西，过简洁而快乐的生活"。"不持有的生活"包含七种生活习惯："不拿""不买""不储存""丢弃""替代""借用"和"没有也无所谓"。

然而，这些理念都是日本整理收纳师结合自身经验和国情提炼的。反观中国的哲学，我想到了优秀文人梁漱溟先生，他曾提出人生的"三个关系"，即"人与物的关系""人与人的关系"及"人与自身的关系"。如果把"人与物的关系"带入时间和空间的维度来思考，人们就会对一生中需要多少物品及持有多长时间有更深刻的认识。

当阅读完金迪女士的《平衡整理：从物品整理到人生整理》，我感到欣慰，因为国内也有了一门专门研究整理生活的哲学，并将物品整理的技法上升到哲学层面。书中提到的"理物""理人""理心"与梁漱溟先生提出的"三个关系"相似，同时借鉴了中国传统文化的精髓，提出"一个中心"和"两个层面"的法则，强调在处理人与物、人与人及人与自身关系时，首先要明确自己真正渴望的是什么，辨别什么物品、行为或关系能够满足需求、创造价值，或让自己发自内心地喜爱。与此同时，遵循适度与平衡的原则，在满足需求的同时保持生活的和谐与从容。

实际上，整理在日常生活中就是一种自我管理，这与我所写的《细节决定成败Ⅱ》有着相似之处。"细节"理念也包含相应的自我管理内容。我在《细节决定成败Ⅱ》中提出"做好细节的四个习惯"，其中"清单习惯"和"定置习惯"，即一种在空间上对物的管理和在时间上对人的管理，也是"整理"的作为。

从日常生活的点滴细节中，往往能对"整理"的理念窥见一二。我们团队在20年前做过一个小设计：每位成员出差前都要思考"伸手要钱"，即提醒自己带上身份证、手机、钥匙、钱包。这一设计被某文化学者赞为"伟大的细节"。再比如，不再冲动购物；放弃现在不用的东西，专注于眼前的事情；不要为了学习而学习；学会拒绝，不去迎合周围人的安排；出门前列好清单等。无论是生活日常、家庭关系还是亲子教育，都可将整理的理念贯穿于日常生活的细节设计中。

金迪女士的《平衡整理：从物品整理到人生整理》不仅涵盖了这些技巧，还提供了非常专业的介绍，包括"三个维度""四个象限"和"五个步骤"。通过平衡整理，大家可以深入了解自己，搞懂人、物、空间和人、事、时间的关系，找到最舒适的生活状态，活出自己的人生，绽放无限的光彩。

无论是追求生活品质与幸福感的人、想要改善生活环境和生活空间的人、整理收纳兴趣爱好者、心理学爱好者，还是面临生活压力和挑战、希望提升自我管理和时间管理能力的人，又或是职场女性及整理收纳行业从业者，我相信都能从这本书中获得有益的启示和帮助。

汪中求

《细节决定成败》作者

北京中求细节管理咨询有限公司董事长

甲辰年于汪榜村还是斋

前言

十多年前,我在美国考察时,洞察到了整理收纳领域的巨大潜力。在那里,有专门经营整理收纳产品的企业,其单店面积甚至达到近万平方米。这家企业不仅拥有出色的网站,提供各种整理收纳的知识和技巧,更令人印象深刻的是,他们的服务员并非普通的销售人员,而是被称为"整理专家"(Specialist)。这些专家在销售产品时,结合买家的家庭空间和生活习惯,提供具体的建议,甚至绘制3D图纸,给出详细的设计方案。这一做法让我意识到,若要让整理收纳产品畅销,必须与内容相结合,教会消费者如何使用这些产品。于是,整理生活学院应运而生。

学院成立之初,我们与美国最大的整理收纳机构——美国国家生产力及整理师协会(National Association of Productivity & Organizing Professionals,简称"NAPO")建立了合作关系。然而,随着深入了解,我们发现美国的居住环境与中国存在巨大差异,美国的整理收纳术并不完全适用于中国。于是,2017年,我带队前往日本,拜访了日本最具影响力的三家整理收纳机构。尤其是在日本整理收纳专家协会学习课程后,我深感其专业性,这些课程不仅具备理论高度，也有扎实的实操技巧。我毫不犹豫地将它们引入了中国。

2018年，抖音崛起之时，我们敏锐地捕捉到了这一契机，迅速建立了媒体矩阵，向消费者普及整理收纳的知识和技巧。凭借这一举措，我们迅速成为全平台整理收纳领域粉丝最多的机构之一，全平台粉丝人数累计超过百万。这些粉丝注重生活品质，追求格调，关注时尚和整理收纳领域，喜欢清爽整齐的生活方式。

2020年，我主导编写了《整理生活：风靡全球的整理收纳术》一书，这本书自问世以来，不断重印，并长期在京东同类书排行榜上名列前茅。

2021年，我荣幸地被邀请参与了国家整理收纳师职业标准的制定工作。

这十余年间，我见证了整理收纳行业在中国的蓬勃发展。从最初人们对整理收纳这个概念闻所未闻，到如今各种整理收纳流派百花齐放。随着经济水平的提高和人们对美好生活需求的日益增长，整理收纳行业已成为中国社会的刚需。国民对整理收纳产品、内容和服务的接受度和依赖度也越来越高。

纵观世界，无论是美国还是日本的整理收纳流派，其核心不仅仅是收纳术，更是一种整理的哲学观和人生观，代表着一种生活态度和生活方式。然而，迄今为止，中国的整理哲学思想尚未在世界范围内，甚至在中国范围内得到广泛认可。

殊不知，整理的智慧早已渗透在中国儒释道的方方面面。从儒家的"格物致知"到佛家的"放下我执"，甚至连风靡全球的日本断舍离理念，其背后的哲学思想也源自道家老子的《道德经》。

作为中国整理收纳行业的先行者，我深感使命之重大。**为此，我将带领你领略一种融合东西方文化智慧的整理哲学——平衡整理。这种整理理念，不仅弘扬中华传统文化中关于整理的智慧，还借鉴西方的心理学知识和逻辑框架，将整理的智慧融入日常生活。通过平衡整理，我希望更多的国人体验整理的魅力，活出幸福的人生。**

本书的先导篇，首先介绍整理收纳的前世今生，让大家了解整理的定义，即去除不必要的物品，并加以区别[1]。从古今中外的整理智慧中我们得知，整理不仅仅是清扫房间的行为，更重要的是拂拭内心的尘埃[2]。当我们去除生活中那些无关紧要的事物，才能专注于最重要的东西。当我们学会舍弃，不再成为物质的奴隶时，生活将变得简单而美好。

接下来，本书的理论篇，将带你探究平衡整理的缘起，揭示其倡导的独特生活方式，并阐述平衡整理的五步法则，以及其全面系统的理论架构。

在最后的应用篇中，我们将为你分享如何运用平衡整理法则实现理物、理人、理心及人生的觉醒，并通过丰富的知识点、真实的案例和实用的小练习，帮助你熟练掌握平衡整理术。这种方法不仅能够让你轻松应用在日常生活中，整理好外界的物品，更重要的是，还能

---

[1] 泽一良.《整理的法则：简单易懂的整理入门》，浙江科学技术出版社，第22页，第28页。

[2] 枡野俊明，冲幸子.《禅与扫除：禅学思维&德国式整理术》，大好书屋，第9页。

帮助你调整好自己周边的人际关系及内心世界，从而真正地活出自我，找到人生最舒适、最和谐的状态。愿你通过践行平衡整理的生活方式，活出幸福而美好的人生。

金迪

目录

先导篇

整理收纳的前世今生 / 002

01　整理收纳在当今中国社会的兴起 / 003

02　整理收纳行业的国外发展史 / 005

03　整理与中国传统文化的渊源 / 012

04　当下主要的整理流派 / 015

理论篇

平衡整理，让你找到人生最舒适的状态 / 026

01　平衡整理之缘起 / 027

02　何谓平衡整理 / 032

03　平衡整理的法则 / 036

应用篇

在"理物"中运用平衡整理法则 / 040

01　透过整理物品，洞见自我 / 041
02　透过平衡整理，找到最适合自己的状态 / 062
03　把握人、物、空间的动态平衡 / 072
04　用全观的视野来审视物品 / 091
05　五步让你的物品不再凌乱 / 099

在"理人、理心"中运用平衡整理法则 / 114

01　通过整理的灵性之光，看见"冰山"下的自己 / 115
02　恰到好处的智慧——平衡有限与无限、摆烂与完美主义 / 133
03　把握人、事、时间的动态平衡 / 141
04　活出你想要的样子——整理人际关系、整理内心 / 159
05　五步让你的人生不再迷茫 / 178

平衡整理，让我们的人生觉醒 / 199

01　透过整理看见真实的自己 / 200
02　重新整理你的人生 / 209
03　人生的意义在于体验和创造——践行平衡整理，通往幸福之路 / 220

先导篇

相信翻开这本书的你,
必定对整理怀有浓厚的兴趣,
或是对其充满了好奇。

作为一名整理领域的爱好者,你一定渴望了解:
整理收纳究竟能为我们带来怎样的益处?
这个新兴行业是如何萌芽和发展的?
它又包含哪些流派和理念?

让我们带着这些疑问,
追寻整理收纳领域的渊源与变迁,
一同走进它的前世今生,
探寻其背后的智慧与魅力吧。

1

整理收纳的前世今生

01 整理收纳在当今中国社会的兴起

近年来，随着物质水平的提升和消费观念的转变，人们对商品的热情愈发高涨，物品如潮水般涌入家中。与此同时，居高不下的房价让居住空间日益"缩水"。物品的激增与空间的紧缩，如同两股对立的力量，日益尖锐地碰撞，形成了难以调和的巨大矛盾。

《2020年中国整理行业白皮书》[1]公布的数据显示：

85%的中国人不懂空间规划，他们当中91%的人患有"囤积症"，舍不得扔衣服；83%的人衣柜衣物数超过500件；75%的人浪费大量的储物空间。

通过这组数据，可以窥见中国家庭的现状：大部分房屋居住者已在物品与空间之间失去了平衡。凌乱的环境如同无形的枷锁，悄然降低了人们的生活质量。越是找不到东西，人们越是急于购买；越是杂乱无章，人们越是心生焦虑。如此循环往复，人们陷入恶性循环的泥潭，难以自拔。

为了解决这些与日俱增的矛盾，整理收纳师应运而生。他们精通整理的方法与收纳的技巧，以专业的方式，将人们从杂乱无章的环境中拯救出来。整理收纳师的出现，有效地缓和了人、物品与空间之间的冲突，进而提升了人们生活的品质和幸福感。

---

[1] 留存道整理学院与新浪乐居财经联合发布。

整理前

整理后

知识点

从狭义具象的角度讲，整理是一种科学有效地对物品进行分类、筛选和定位的艺术。通过这一行为，我们得以改善环境，在人、物、空间三者之间建立一种动态平衡。

从广义抽象的角度讲，整理更是一种生活方式——明确自己真正想要的，舍弃不需要的。通过整理物品、整理人际关系和整理内心，活出幸福且美好的人生。

02 整理收纳行业的国外发展史

整理收纳这一生活智慧，究竟何时衍生出一个行业呢？

▶ 从美国国家生产力及整理师协会（NAPO）说起

职业整理师最初诞生于 20 世纪 80 年代的美国，其起源可以追溯到家庭主妇圈子的沙龙分享。那个时代，美国正处于物欲横流、纸醉金迷的时期，信用卡和邮购方式的普及，导致几乎全民都奉行"买买买"的消费观念。尽管家里宽敞，却也堆满了琳琅满目的物品。

在加利福尼亚州，一群女士组织了家庭沙龙聚会，试图在物质的困扰与精神的空虚中找到平衡。每次聚会，她们总会讨论"物品多，家里没地方放"的话题。其中，两位女士——马克辛和斯蒂芬妮，敏锐地洞察到整理这一需求，萌生了开创一个新行业的念头。

她们联合了另外三位志同道合的爱好者，共同推广这项付费服务，并将其命名为"职业整理师"（Professional organizers）。她们将整理收纳从"家务"的范畴上升到"专业"的层面，使整理收纳技能不仅仅局限于家务，而成为一项专业技能。事实上，职业整理师可谓是名副其实的斜杠青年，集空间设计师、收纳技术顾问、时间管理顾问、信息系统顾问、心理咨询顾问和培训师等多种角色于一身。

随着业务与队伍的不断发展壮大，1986 年，经过五位创始人的不懈努力，美国国家生产力及整理师协会（NAPO）在洛杉矶成立。这是整理收纳发展史上第一个全国性质的职业协会，标志着整理收纳行业正式走向专业化与系统化。

职业整理师的薪酬大多以时薪计算，40~200美元/时不等。

- 收纳技术顾问
- 信息系统顾问
- 时间管理顾问
- 培训师
- 心理咨询顾问
- 空间设计师

▶ 整理收纳源于美国，兴于日本

众所周知，日本地少人密，家家户户的房屋使用面积极其有限。2000年的日本与1980年的美国情况相似，正经历着物资过剩的时期，大量物品的存放对于原本狭小的房屋来说，无疑是雪上加霜。

由于市场需求旺盛，日本民间成立了各种大大小小的专业整理师协会，越来越多的日本人开始学习整理收纳技能，形成了多元化的整理流派，并出版了风靡全球的经典著作，如山下英子的《断舍离》、近藤麻理惠的《怦然心动的人生整理魔法》等。2015年，近藤麻理惠被美国《时代周刊》（TIME）评选为"世界上最有影响力的100人"之一，她的人生从此走向巅峰。

号称日本收纳教主的近藤典子，则专注于住宅收纳的研究设计，为房地产商和整体家具提供商提供专业的整理收纳规划和建议。

近藤典子
以人为本的生活哲学

山下英子
断舍离

近藤麻里惠
怦然心动整理法

日本整理收纳专家（Housekeeping）协会是日本最大的整理收纳机构。截至2024年6月，该协会已有近20万名学员，其中18万名持有二级资格证书、1.4万名持有一级资格证书。因"怦然心动"理念而闻名全球的整理大师近藤麻理惠，也是该协会的一名学员。

在中国，整理生活学院已经举办了24期日本整理收纳专家协会的整理收纳顾问二级资格认证课程，超过500名学员通过并获得了资格证书。这个资格证书堪称是全球范围内整理收纳行业中最具代表性和专业性的认证之一。获得日本整理收纳专家协会认证的专业讲师更是凤毛麟角，即使在日本本土也只有几百名专业讲师。整理生活学院有幸在中国主导了日本整理收纳专家协会的第一批中国专业讲师的认证工作。作为中国首批通过该认证的专业讲师之一，我切身体验到了这个资格认证的严格性。截至2024年6月，全中国通过这个资格认证的专业讲师不到20人。

日本整理收纳专家协会之所以能成为日本乃至全球最大的整理收纳机构，关键在于它对整理收纳的深刻理解，并真正将其提升到了理论高度。老实说，在去日本整理收纳专家协会学习之前，我对整理收纳有些轻视，认为不过是打扫清洁和一些收纳的小技巧罢了，实在不值得花几天时间专门学习。然而，第一天的课程便彻底震撼了我。

以下是日本整理收纳专家协会对整理的定义及整理效果的描述，足以见其如何将整理真正升华为一门学问。

> **知识点**
> 日本整理收纳专家协会认为，整理的定义是："整理就是去除不必要的物品，并加以区别。"[1]

如果你能够真正理解这个定义，原则上就已经掌握了整理的精髓。接下来的收纳只是术，是相对简单的操作。

"整理的定义的第一个关键词就是去除不必要的物品"[2]。记得有一次聚会时，一位朋友提到，她某个周末专门进行了一次大整理，把家里的物品收拾了一遍。虽然房间表面上看起来整齐了，但她却找不到东西了。因为那并非真正的整理。**如果没有先去除不必要的物品，那么即使表面上看起来整齐，实际上还是很难找到所需物品。这不过是"干净的乱"。**

---

[1][2] 泽一良.《整理的法则：简单易懂的整理入门》，浙江科学技术出版社，第22页。

"整理的定义的第二个关键词是加以区别"[1]。用学术语言来说，就是分类。分类其实是一门专门的学科，我的整理收纳老师甚至读了分类学的硕士。

　　整理的分类可以按照使用目的、使用频率等标准来进行。分类的目的是让物品更好找，提高物品的检索性。所以分类没有标准答案，只要方便使用者分类和取放即可。一般建议刚开始整理的人，先从大分类开始，等你的整理水平提高了，再进行精细的小分类。

　　物品分类了以后，便需按照类别来分开收纳。比如，在办公室的抽屉里，我们可以通过各种小分格盒来分别放置文具、裁剪工具等。如果你把零食放在文具的小分格盒里，就会一眼发现它的与众不同，这样，能够提醒自己不要乱放物品。

　　当我们真正去除不必要的物品，并将剩下的物品分类整理好，这才是收纳的开始。收纳，是整理之后的行为，而不是一股脑将物品塞进去。换言之，没有经过整理的收纳，终究是徒劳无功的。

---

[1] 泽一良.《整理的法则：简单易懂的整理入门》，浙江科学技术出版社，第28页。

> **知识点**
>
> 拥有近30年整理收纳经验的泽一良社长,将整理的效果总结为三大主要方面:"时间效果、经济效果和精神效果"。❶

那么,整理能带来什么效果呢?

首先,我们来看看"整理的时间效果"❷:当我们将物品整理好,就不再需要花过多时间找东西,从而节约时间、提高效率。整理的时间效果不仅适用于家庭,也同样适用于企业。因此,日本的5S、7S文化[整理(Seiri)、整顿(Seiton)、清扫(Seiso)、清洁(Seiketsu)、素养(Shitsuke)、安全(Safety)和节约(Saving)]才会如此盛行。许多年前,我参观丰田公司时,亲眼见证了他们通过整理的方法,不仅使员工平时不需要花费时间找东西,也使新人交接的时间大大缩短。这种高效的管理方式,正是丰田能够成为世界上性价比最高的汽车品牌之一的重要原因。

其次,"整理的经济效果"❸:我们都知道房子是最昂贵的资产之一,那么,你是否统计过家中无用物品占据了多少房屋空间?换算成房产价值,这些无用物品占据的空间又值多少钱呢?这个数字可能会让你大吃一惊。整理的经济效果还体现在,通过整理后,你会清楚地知道自己已经拥有的物品,从而避免重复购物,不再为不必要的物品耗费金钱。

最后,"整理的精神效果"❹:想象一下,前几年不得不宅家的你,如果住在一个整理收纳得当的环境中,心情是否会更好呢?此外,培养孩子良好的整理收纳习惯,不仅能让孩子受益一生,还能

---

❶❷❸❹泽一良.《整理的法则:简单易懂的整理入门》,浙江科学技术出版社,第4页。

让你收获良好的亲子关系，这也是整理带来的精神效果。

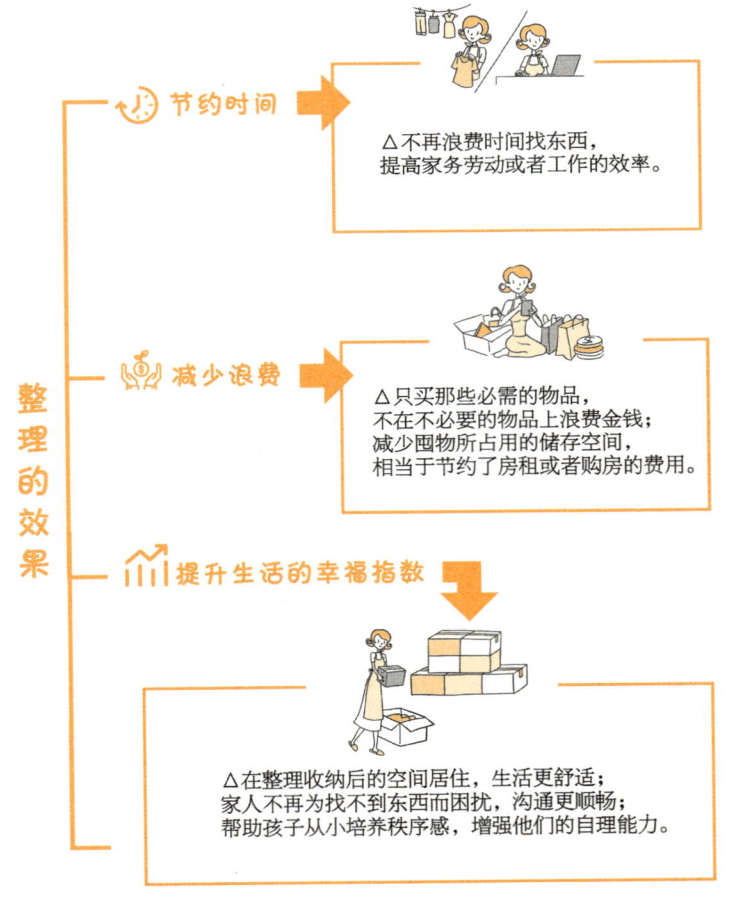

整理的效果

- **节约时间**
  △不再浪费时间找东西，提高家务劳动或者工作的效率。

- **减少浪费**
  △只买那些必需的物品，不在不必要的物品上浪费金钱；减少囤物所占用的储存空间，相当于节约了房租或者购房的费用。

- **提升生活的幸福指数**
  △在整理收纳后的空间居住，生活更舒适；家人不再为找不到东西而困扰，沟通更顺畅；帮助孩子从小培养秩序感，增强他们的自理能力。

本图参考了图书《整理的法则》
（作者：泽一良，浙江科学技术出版社）

可见，整理虽看似微不足道，若做得妥当，却能节约时间、减少浪费，显著提升生活的幸福指数。真可谓是 小整理，大智慧。

03　整理与中国传统文化的渊源

虽然整理收纳作为一个现代行业，源于美国，兴于日本，但如果谈到**整理的智慧**，它其实早已深深渗透在中国儒释道思想的各个方面。

▶儒家的整理智慧

《后汉书·陈王列传》中记载，东汉名臣陈蕃年少时独居一室，院内龌龊不堪。薛勤批评他："孺子何不洒扫以待宾客？"陈蕃回答"大丈夫处世，当扫天下，安事一屋乎？"薛勤当即驳斥他，说出了那句广为流传的名言：**"一屋不扫，何以扫天下？"** 先哲早已教导我们，整理收纳虽是小事，但如果连这等小事都做不好，又怎能脚踏实地地从小事做起，进而治理好天下？

再如，司马光对儒家经典《礼记·大学》中"格物致知"的理解是，人必须"格物"，即抵御物质的诱惑，不为物欲遮蔽心智，方能达到"致知"。

其实，儒家思想的核心内容——八目"格物、致知、诚意、正心、修身、齐家、治国、平天下"[1]**，传达的正是整理收纳的内在深意。** 一个人首先要"格物致知、诚意正心"，逐步自我"修身"之后，才可以用自己的言行来教育和管理家庭，实现"齐家"。每件物品、每寸空间都要有清楚的规划，生活才能井然有序。同样，每个人

---

[1] 王国轩译注.《大学·中庸》，中华书局。

各司其职、各就其位，家和社会才能有秩序。整理收纳所提倡的秩序之美，正是儒家思想的精髓所在。

▶佛家的整理智慧

佛家所说的"放下我执"，与整理的定义——舍弃那些不必要的东西，异曲同工。首先要放下对有形事物的执着，舍弃那些不适合你的物品，然后进一步整理自己的内心，去除不需要的执念，做适当的减法，方能活得通透。

中国传统文化也深刻影响了日本的整理文化。由日本作者撰写的《禅与扫除》一书，探讨了禅学思维与整理术之间的关系。书中强调："禅是一种心灵上的修行，要端正内心，就得先从行为下手。"[1]

> **知识点**
> 清扫不单是抛弃多余的物品或仅仅是整理房间的行为，同时也是拂拭内心尘埃（例如欲望、执着、虚荣、嫉妒等），恢复心灵清明的作业。[2]

▶道家的整理智慧

道家有一种修行的方法，称为"收拾之门"。它的核心在于修行时要减少物欲，摒弃杂念，不被外界干扰。这与整理提倡的智慧如出一辙：只有减少物欲，摒弃杂念，人才能静。静了，才能定；定了，才能增长智慧。

日本著名整理专家山下英子提出的"断舍离"理念，正是深受老

---

[1][2] 枡野俊明，冲幸子.《禅与扫除：禅学思维＆德国式整理术》，大好书屋.

子《道德经》第四十八章的启发："为学日益、为道日损。损之又损，以至于无为。"求道之人，欲念要一天比一天减少，学会做减法。屏蔽那些无关紧要的人、事、物，才能集中精力，提升智慧，豁然开朗。

所以说，中国传统文化中的儒释道，蕴含着丰富的整理智慧。中国，才是整理文化的真正鼻祖！关于中国文化中的整理基因，在《整理生活：风靡全球的整理收纳术》[1]一书中也有详细阐述，例如"盒子"里的中国、住宅格局的"里应外合"，感兴趣的朋友可以参阅。

整理前

整理后

---

[1] 整理生活学院.《整理生活：风靡全球的整理收纳术》，中国纺织出版社。

04　当下主要的整理流派

虽然整理的智慧早已深深植根于中国传统文化，但目前能够成为系统的整理哲学观和人生观，进而影响人们生活态度和生活方式的，依然是以美国和日本为主的整理流派。下面让我们盘点一下当下影响力较大的整理流派。

▶ 断舍离整理

早在2001年，日本的山下英子老师就提出了"断舍离"的概念，通过她的践行和宣传，这一理念逐渐风靡日本乃至全世界，盛行至今。山下英子老师从大学时期开始学习瑜伽，并从瑜伽的修行哲学——"断行、舍行、离行"中提炼出一种放下心中执念来修行的生活方式。

> **知识点**
> "断舍离"整理，本质上是一种生活方式："斩断物欲、舍弃废物、脱离执念。"其核心思想是"新陈代谢——不断地进行使用所有物、清除无用之物的循环，居所才能充满活力"。
> 引自《断舍离》新版第1页、第146页（作者：山下英子，湖南文艺出版社）

山下英子老师认为：

断 = 从源头控制，不买、不收取非必需、不合适的物品 ❶

断：断绝不必要的入口，控制自己的购买欲，不买、不收取那些当下用不着的物品。 例如，各大购物网站会借着各种节日打折促销，人们一看到价格便宜，往往就会囤积一堆物品，甚至有些物品现在根本用不上，人们只是贪便宜就买了，幻想着即便现在用不上，以后也能用得上。其实，正如山下英子老师所言，这种以为未来能用得上的物品，在买回来后很大概率是被丢在角落里的。因此，**从源头上断绝不必要的入口，才是最好的控制物欲的方法。**

舍 = 处理存量，舍弃掉没用的物品 ❷

舍：舍弃掉身边积压的没用物品。 举例来说，许多女性都会说"女人的衣柜里永远都少一件衣服"，逛街时会买回一堆衣服，有些衣服在买的时候觉得满意，买回来后又觉得不满意了，于是就只能放在衣柜的角落里。或者有些人发现自己长胖了，以前的衣服虽然穿不下了，但仍旧舍不得丢掉，幻想着以后瘦了就能穿。**所谓的"舍"，就是要舍弃这些不会再穿的衣服，不会再用的物品。凡是用不上的，索性丢弃，或者通过其他渠道，把不需要的物品流通出去，**让这些物品找到新的主人，让家里的空间变得不再拥挤。关键在于，**通过不断地重复"舍"的动作，帮助自己选择那些自己真正需要的、重要的物品。**

离 = 一种脱离物欲和我执的精神状态 ❸

如果说"断"和"舍"更多的是具体的整理收纳的动作（doing），那么"离"则是一种脱离物欲和我执的精神状态（being）❹。真正的断舍离，不只是物质层面的整理，更是内心层面的整理。人的内心很

---

❶❷❸❹ 山下英子.《断舍离》，广西科学技术出版社。

自然会对失去感到恐惧。"断舍离"就是通过"断""舍"的练习，从而获得一种"离"的状态。舍弃也好，扔掉也好，都没关系，如此才能逐渐明白有些事物和人没有必要再去背负，内心才会逐渐变得轻盈。❶

断 + 舍 = 离

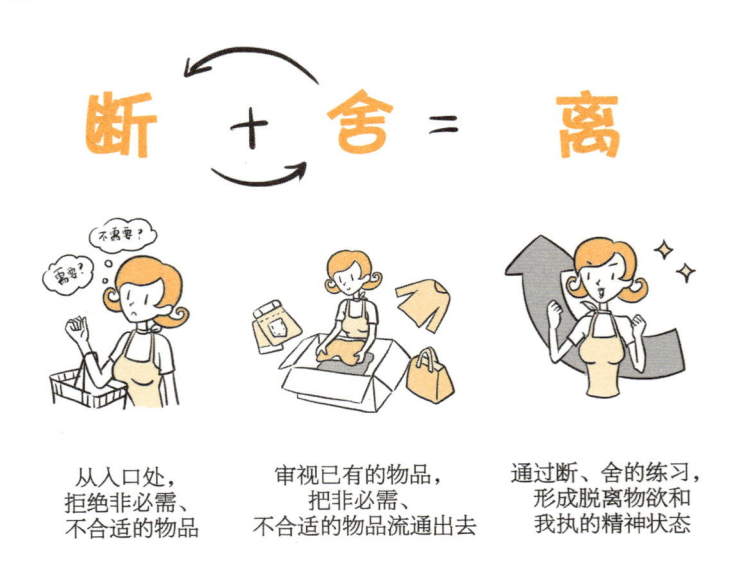

| 从入口处，
拒绝非必需、
不合适的物品 | 审视已有的物品，
把非必需、
不合适的物品流通出去 | 通过断、舍的练习，
形成脱离物欲和
我执的精神状态 |

本图参考了图书《断舍离》
（作者：山下英子，广西科学技术出版社）

2017年，我带队前往日本，有幸近距离地接触到山下英子老师，感受到了她非凡的个人魅力。断舍离之所以能够风靡全球，正因为在当今这个物质过剩的年代，我们迫切需要建立这种反向的思维模式，做减法，从行动上、精神状态上，保持**"少即是好"**（Less

---

❶ 山下英子.《断舍离》，广西科学技术出版社。

But Better）的状态。山下英子老师曾说,她家里的物品确实很少,但每一件都是精品,都是她心爱的物品。想象一下,你每天都只与喜欢的物品相处,都只与喜欢的人、事、物打交道,该是多么美好啊!

▶怦然心动的人生整理魔法

整理师近藤麻理惠于 2012 年提出了"怦然心动的人生整理魔法"。她认为,"**整理是有助于找出让你从内心深处心动的使命。真正的人生,从整理之后开始。**"[1] 整理不仅局限于你的房间,整理会让你整个人生焕然一新。

> **知识点**
> 近藤麻理惠的整理魔法的核心标准在于怦然心动。她认为,整理的过程其实就是心理的重建过程。她教导人们按照心动的标准来选择身边的物品[2]。

近藤麻理惠甚至把物品拟人化,通过用手去触摸这些物品,与它们对话,问问自己:"你还心动吗?"如果某些物品不再让你心动,就应该果断地舍弃它们。而对整理后的结果,她描绘了一幅让人心动的画面:"在清爽的安静空间里,被喜爱的事物包围,度过怦然心动、光辉闪亮的每一天。"[3] 这种怦然心动的生活方式,是否很令人向往呢?

---

[1][2][3] 近藤麻理惠.《怦然心动的人生整理魔法》,方智出版社股份有限公司.

▶极简主义

"极简主义"（Minimalism）一词诞生于 20 世纪 60 年代，源自当时兴起的一个艺术派系——极简主义艺术（Minimal Art），旨在追求形式上的简单极致、思想上的优雅。后期演变成一种生活方式，其中，乔布斯是极简主义生活方式的代表人物。

许多人写过关于极简主义的书籍，其中代表作品有乔舒亚·菲尔茨·米尔本和瑞安·尼科迪默斯写的《极简主义：活出生命真意》。乔舒亚曾是一个工作狂，年纪轻轻就买了名车豪宅。他拥有了越来越多的物品，但发现并没有因此更加幸福，反而觉得生活很糟糕。经过反思，乔舒亚决心开始过极简主义的生活。他丢掉了家中 90% 的物品，最后只剩下 288 件物品，每一件都是不可或缺的。这样的极简生活，让乔舒亚的内心越来越充实。他获得了前所未有的快乐与自由。他和瑞安一同创建了宣扬极简主义的网站❶，吸引了超过 400 万的读者。**他们分享的极简主义生活理念与实践，已帮助许多人过上占有更少物质却更有意义的生活。**❷

> **知识点**
> 乔舒亚所提倡的极简主义，关键在于弄清到底是什么东西卡住了我们，然后果断地舍弃它们。

尤其要舍弃那些最明显阻碍了我们自由的东西，首先是汽车贷款

---

❶ www.theminimalists.com.
❷ 乔舒亚·菲尔茨·米尔本，瑞安·尼科迪默斯.《极简主义：活出生命真意》，湖南文艺出版社。

和大额消费贷款；其次是那些不再穿的衣服、无用的家居用品、徒劳的关系，以及那些消耗我们时间和注意力的小事。当我们去除生活中那些无关紧要的事物，才能专注于最重要的东西。当我们学会舍弃，不再成为物质的奴隶时，生活才能越简单，越美好。

▶FLOW整理术

FLOW整理术是由美国整理收纳领军人物阿曼达·沙利文在结合自己20年经验的基础上提出的。这一方法在她的著作《整理生活，从整理内心开始》中得到了详细阐述。与极简主义不同，FLOW整理术强调的是一种更为柔和、灵活的整理理念。

> **知识点**
> 阿曼达·沙利文认为：**整理应该是追求足够整洁，而不是追求完美**。整理的过程应该让人感到轻松顺畅，减轻家务带来的压力，为真正重要的物品腾出存放的空间，从而省下大把时间和精力，去构建自己想要的生活。

FLOW整理术是由一组词语的首字母组成的缩写词，它由四个步骤组成[1]：

F：原谅你自己（Forgive yourself）；

L：舍得清出去（Let stuff go）；

O：整理留下的（Organize what is left）；

W：持续地清理（Weed constantly）。

---

[1] 阿曼达·沙利文.《整理生活，从整理内心开始》，机械工业出版社。

F: 原谅你自己
（Forgive yourself）

L: 舍得清出去
（Let stuff go）

O: 整理留下的
（Organize what is left）

W: 持续地清理
（Weed constantly）

本图参考了图书《整理生活，从整理内心开始》
（作者：阿曼达·沙利文，机械工业出版社）

首先，我们需要面对生活的现实，例如房间的凌乱，不要埋怨自己——"我真的有问题"，也不要无可奈何地感叹——"我不知道自己什么地方出错了"。我们首先要原谅自己，然后致力于改变习惯，以解决问题。

如果物品过多，最实用的办法就是舍得清理出去。决定扔掉什么，留下那些自己正在使用的物品。随后把相似的物品归在一起整理。而且，这个清理和筛选物品的过程需要持续进行。

FLOW 的中文翻译是"流动"：只有让物品都流动起来，家里才会有生机，才会有"呼吸"空间。这样的家就像花园，不至于杂草丛生,而是美丽怡人的。

心理学有一个专有名词**"心流"**,翻译为英文也是 FLOW。**相信当你把整理的思维领悟到极致,你的内心也会体验到这种心流和开悟的感觉。**

小结

纵观古今，放眼寰宇，我们见证了整理收纳的崛起，这不仅是一个时代的需求，更是一种生命哲学的觉醒。我们探索了整理收纳行业在国外的发展史，追溯了整理智慧与中国传统文化的深厚渊源，并领略了当下世界主要整理流派的风采。通过这些内容，我们对整理有了一个更为清晰的理解框架。

尤其希望你记住：**整理的真谛在于去除不必要的物品，并加以区别**[1]。当你剔除了非必需的物品，便能腾出足够的精力和空间，去享受真正有价值的事物。

整理物品如此，整理人生亦然。 古今中外的整理智慧告诉我们："整理不只是清扫房间的行为，更重要的是拂拭内心的尘埃。"[2] 当我们学会舍弃，去除生活中那些无关紧要的事物时，才不会被物质所奴役；当我们对周遭的人、事、物做减法时，才能专注于最重要的东西。如此，我们的生活将变得简单而美好。

---

[1] 泽一良.《整理的法则：简单易懂的整理入门》，浙江科学技术出版社，第22页，第28页。

[2] 枡野俊明，冲幸子.《禅与扫除：禅学思维＆德国式整理术》，大好书屋，第9页。

理论篇

融合东西方文化智慧的整理哲学——平衡整理

2

平衡整理,让你找到人生最舒适的状态

01　平衡整理之缘起

▶ 中国传统文化中的"平衡"智慧

首先，平衡的智慧体现在《易经》的"一阴一阳之谓道"[1] 这一核心易理中，它揭示了宇宙万物的运行规律，**即阳中有阴、阴中有阳、阴阳消长转化中的动态平衡**。这种平衡不仅是自然界的法则，更是人类生活和行为的指导原则。

其次，平衡的智慧体现在《中庸》的"度"上。作为中国人，大家是否了解"中"字的深意？**在《中庸》[2] 里，"中"意味着执其两端而用其中，不偏不倚、不过不及的状态。**

> **知识点**
>
> 中庸提倡的"度"，正是平衡之道的精髓。
>
> 那么，如何才能做好"度"呢？这就要求我们掌握以下三个关键[3]：
>
> ①"权衡"：若以天秤来比喻中庸之道，首先需要有一个支点，这个支点便是每个人为人处事的标准。其次是权衡，即按照"两害相权取其轻，两利相权取其重"的原则来做排序选择。
>
> ②"用中"：指把持事物的两端，从不同的对立面出发，寻找两者之间的结合点，做到无过无不及，恰到好处。
>
> ③"时中"：时是指火候，是节点；中是位置，是分寸。时中要求人们在处事中，时间上要把握火候，空间上要把握尺度。

---

[1] 刘君祖.《详解易经系辞传》，上海三联书店。
[2][3] 王国轩译注.《大学·中庸》，中华书局。

知识点

中庸"度"的智慧，便是以"时中"的方式做出"用中"的抉择，以"权衡"应对变化。用白话文来说，就是在一定的时间和空间下，找到自己与外界的最佳位置，做出最适合自己的选择。凡事不要太过，做最自然最真实的自己，这种状态，是最舒适的，也才能最长久。

平衡是中国传统文化的顶级智慧。然而，你是否觉得，上面的内容有点"虚"，比较难把握和运用？确实，这种高深的东方智慧有时难以直接应用于我们的日常生活。

我个人其实受西方教育影响较大，是个比较讲究逻辑的人。如何将这种高深的东方智慧，借助西方的逻辑系统和现代科学，落实到生活实践中呢？带着这样的思考，我系统地学习了西方的心理学。通过这种结合，我们可以将东方的平衡智慧转化为具体的方法，使其更加贴近现代人的生活，真正实现内外和谐，物我一体。

▶ 整理与现代心理学的邂逅

在多年整理行业的经验积累中，我发现了一个令人深思的现象：当人们整理物品时，他们不仅仅是在清理外在的杂物，更是在剖析自己的内心，从中发现真正的自我，同时也更加了解家庭关系的动态。

在深入研究心理学之后，我更加坚定了这一认识：整理与心理学有着深刻的共通之处。

> **知识点**
>
> 通过整理收纳，我们能够将环境中的无序（disorder）转变为有序(order)，而这种外界环境的变化，会对我们的内心世界产生积极影响。换句话说，整理是一种从外而内的改变力量。
>
> 而心理疾病的英文是"mental disorder"，通过学习心理学和借助心理治疗，我们可以使内心的无序状态变得有序，这种改变也会反作用于外界环境，实现从内而外的正向循环。

在许多实际案例中，我们会发现：当心理疾病患者康复后，他们的居住环境也变得更加整齐有序。看来，整理与心理学真的是相通，甚至是互补的呢。无论是整理还是心理治疗，其最终目的都是让人们的生活更加有序和舒适。

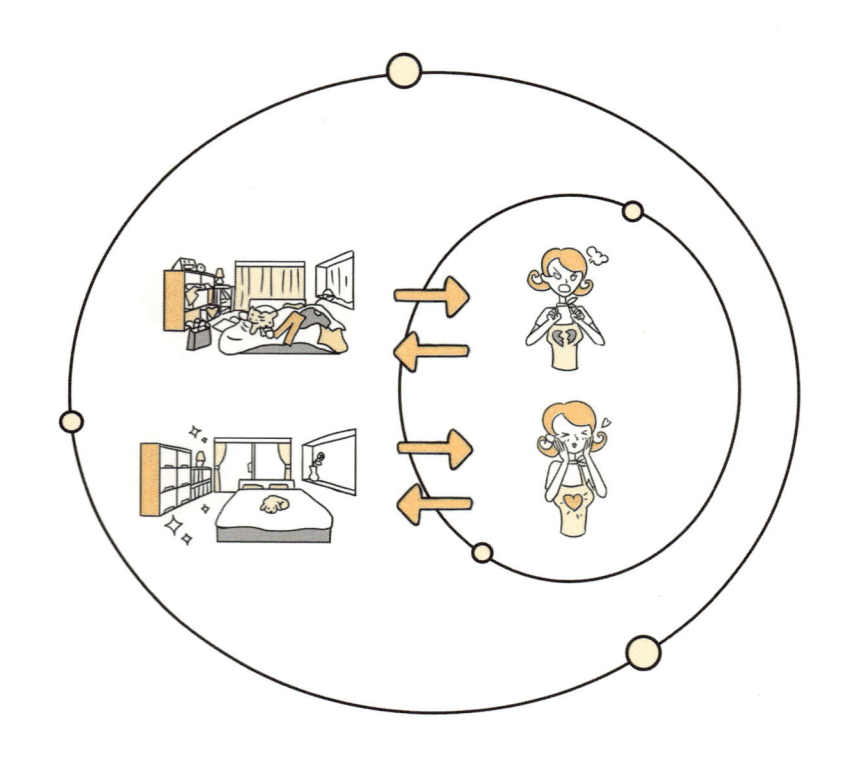

2022年11月，我应邀在第十六届中国心理学家大会上发表了主题为"平衡整理——理物、理人、理心"的演讲，并参与了圆桌对话。大会累计观看量超过 500 万人次，众多网友表示从中获得了较大的启发。这种反馈更加坚定了我对整理与心理学有着深层联系的信念。

整理，不仅仅是物品的整理，它更是一种心灵的梳理。在这一过程中，我们不仅能清理外在的杂物，更能发现内在的自我，找到心灵的平衡与和谐。整理与心理学，二者共同引导我们的生活更有序、更充实、更美好。

> **网友对于"平衡整理"主题演讲的评论摘引**
>
> ★★★★★
> 整理，格物致知的过程，确实与心灵成长很相关。
>
> ★★★★★
> 整理，可以作为行为疗法。
>
> ★★★★★
> 非常实用，整理可以让我们的格局变大。
>
> ★★★★★
> 金博士的适度整理，我觉得特别好，不可偏颇。

02 何谓平衡整理

何谓平衡整理？平衡整理提倡怎样的生活方式？

▶如何理解平衡整理

中国第一部字典《说文解字》[1]对"整"字的解释是："整，齐也。从攴，从束，从正。""攴"指的是古代南方插秧时要保持直立和端正，横竖都要对齐。只有"整"才能达到"正"（"整"字下偏旁是"正"字），才能齐整有序。

《说文解字》[2]对"理"字的解释是："玉"——"理"字的左偏旁是"王"旁，在古代是玉的意思。玉有纹理，依照纹理去雕琢，玉才能成器。玉石的纹理分布一般都呈现一定的规律，因此，"理"也被引申为条理和规律。

可见，无论是"整"还是"理"，其核心都是为了达到有条不紊的状态。

---

[1][2] 许慎.《说文解字》，中华书局。

整理的概念，加上中国传统文化中关于平衡的智慧，形成了平衡整理的定义。

> **知识点**
> 平衡整理是指首先要了解清楚自己真正渴望什么，然后在时间与空间的维度上把握好平衡，有条不紊地找到自己与外界的最佳位置，做出最适合自己的选择，从而达到人、物、空间以及人、事、时间的动态平衡。

▶ 平衡整理的生活方式——理物、理人、理心

《庄子·齐物论》中有一个概念叫"环中"："枢始得其环中，以应无穷。"[1] 环中是指圆环的中心。**如果圆环象征着具象的物理世界，**

---

[1] 庄子.《庄子》，云南出版集团。

那么环中则象征着抽象的心灵世界。钱穆先生对庄子的"环中"进一步解释为"超乎象外，得其环中"[1]：生命体与非生命体(物质)的区别，主要在于是否有知觉。生命体有了知觉，便把世界区隔为我和非我、内和外。然而，当人类能达到生命知觉的最高境界后，己与物、我与非我、内与外，却又开始融合，形成合一体。

从先哲们的智慧中，我们可以领悟到，物质世界与人的主观世界是不可割裂的。

> **知识点**
> 在人生的舞台上，每个人都需要照料好三个环的关系：首先是内环（"理心"），那是自我与灵魂的对话；其次是中环（"理人"），那是与他人的交织和互动；最后是外环（"理物"），那是与物质世界的关联。只有让这三环彼此和谐，共同维持一种平衡的状态，生命才会变得完整。

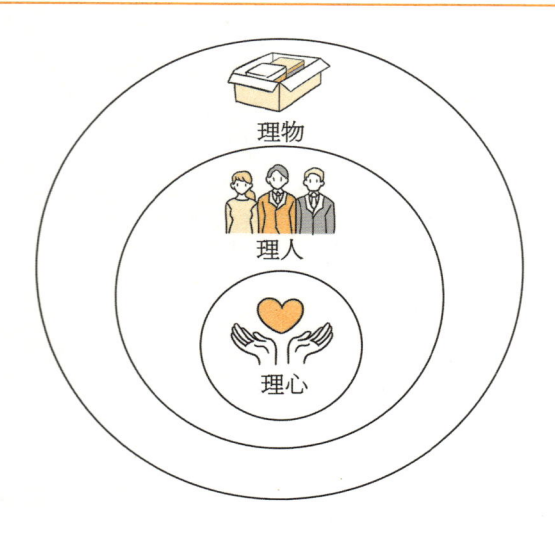

理物
理人
理心

---

[1] 钱穆.《湖上闲思录》，九州出版社。

前文也提到，整理与心理是息息相关的。整理是从外而内的，而心理是从内而外的。于是，平衡整理将"理"字动词化，"理"其实是"治理""管理"。**平衡整理的生活方式包括理物、理人、理心这三个维度：只有当我们把外界物品整理好，并调整好自己周边的人际关系及内心世界，才能实现真正的平衡。**

> **知识点**
> 　　平衡整理倡导的是一种生活方式，这不仅关乎物品的摆放，更是对人际关系和内心世界的深度梳理。我们既要在具象的物品整理中找到秩序，也要在抽象的人际关系和内心探索中寻得平衡。这样，方能在有限的时间和空间中，活出自己最想要的人生。

03 平衡整理的法则

在领会了平衡整理的定义之后，我们可以结合西方的心理学知识和系统方法论，通过平衡整理的五步法则来践行这一生活方式。

这五步法则涵盖了：一个中心、两个层面、三个维度、四个象限及五个步骤。

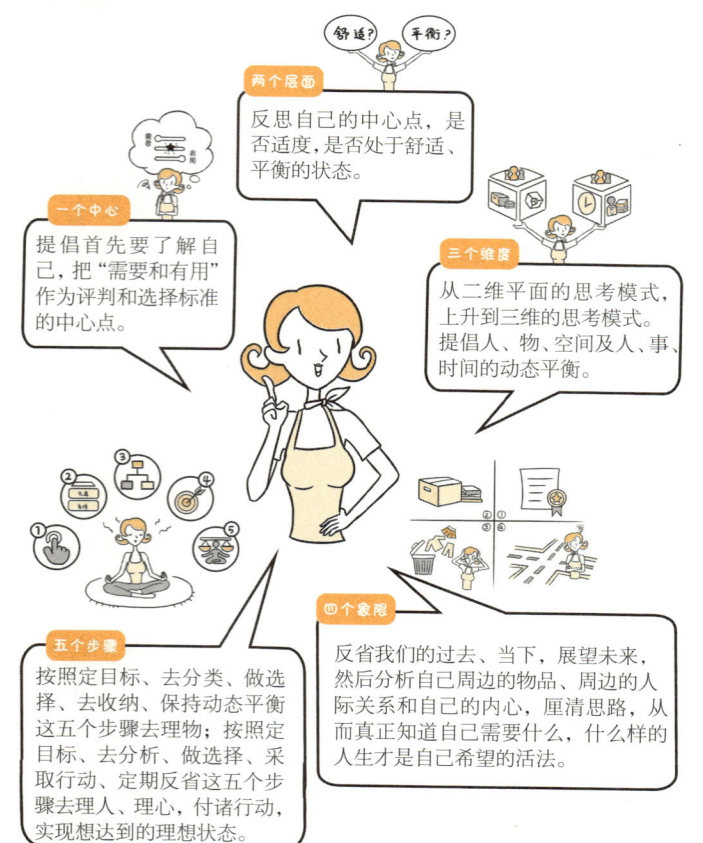

一个中心
提倡首先要了解自己，把"需要和有用"作为评判和选择标准的中心点。

两个层面
反思自己的中心点，是否适度，是否处于舒适、平衡的状态。

三个维度
从二维平面的思考模式，上升到三维的思考模式。提倡人、物、空间及人、事、时间的动态平衡。

四个象限
反省我们的过去、当下，展望未来，然后分析自己周边的物品、周边的人际关系和自己的内心，厘清思路，从而真正知道自己需要什么，什么样的人生才是自己希望的活法。

五个步骤
按照定目标、去分类、做选择、去收纳、保持动态平衡这五个步骤去理物；按照定目标、去分析、做选择、采取行动、定期反省这五个步骤去理人、理心，付诸行动，实现想达到的理想状态。

知识点

平衡整理的五步法则倡导的是在有限的时间和空间中，首先紧握"一个中心"的抓手，弄清楚自己"需要和有用"的，然后不偏不倚，整理有度，从而实现人、物、空间以及人、事、时间的动态平衡。通过四个象限和五个步骤，我们可以时时反省和调整自己，以便在每个当下，活出自己最想要的人生。

小结

　　本篇探讨了平衡智慧的提出背景：平衡的智慧深植于中国传统文化的方方面面，尤其体现在《易经》的"一阴一阳之谓道"和《中庸》所倡导的"度"。与此同时，整理与现代心理学在本质上也有着深刻的相通之处，二者皆致力于将无序转化为有序。整理是从外而内的过程，而心理学则是从内而外地探索。

　　平衡整理融合了东西方文化的智慧，它要求我们首先明确自己真正的需求，然后在时间与空间的维度上把握好平衡，有条不紊地找到自己与外界的最佳位置，做出最适合自己的选择，从而达到人、物、空间以及人、事、时间的动态平衡。

　　现在，请随我深入应用篇，通过遵循理物、理人、理心的生活方式，践行平衡整理的生活哲学，活出幸福而美好的人生。

应用篇

3

在『理物』中运用
平衡整理法则

应用篇将从理物篇，理人、理心篇到整合篇逐层深入，引导我们从物品整理到人生整理的全方位提升。

首先，我们需要做到知行合一，通过大量的物品整理练习，培养整理的思维惯性，进一步地，再把这种思维惯性固化为行为模式，内化为生活的一部分。唯有如此，当我们开始梳理人际关系及内心世界时，才能游刃有余。

01 透过整理物品，洞见自我

▶ "需要和有用"

（1）平衡整理"一个中心"的内涵

> **知识点**
> 平衡整理的"一个中心"在于了解自己，把"需要和有用"作为判断和选择的标准。

正如苏格拉底所言："认识你自己，这才是每个人一辈子最重要的功课。"对于我们每一个人而言，**知道自己的需要，明白什么人和事物是对自己"需要和有用"的，便可以在人生的任何阶段做出最符合自己的选择。**

（2）"需要和有用"的动态变化

在日常生活中，人们被各种物品所包围。**在有限的空间里，整理要求我们遵循"一个中心"的准则：随时审视周边的物品，看看这些**

物品自己是否真正需要以及是否对自己有用。同时，这个"需要和有用"的标准是动态变化的。

举例来说，如果家里还放着一堆再也穿不下的细腰裙子、过期的化妆品、发霉的食物，而这些物品再也不能满足你当下"需要和有用"的标准，就应该果断地舍弃，还原家里的空间。

（3）区分真实的需求和欲望

我们在购买物品时，要学会区分真实的需求和欲望。欲望是指超越我们实际能力，或者背离真实需求的欲求。

比如，刚毕业时，经济收入不高，家里买的都是基本的衣食住行所需。而当经济收入增加，获取物品的方便性也大大提高时，各种不经思考就随手买回来的物品，可能已经超过了实际的真实所需，这种行为就是占有欲望。这些多余的物品往往就需要进行断舍离。也就是说，**这些物品虽然表面上看是需要的，但其实已经超过了对我们"有用"的范围，所以是欲望。**

再如，为了参加一些场合的活动，满足社交的需要，我们可能需要配置一些品牌服饰和包包。如果这并没有造成经济上和家庭空间的过度负担，购买一定数量的品牌服饰和包包是可以的。但是，如同网上有新闻报道，有些女孩为了买名牌包包，不惜借高利贷，甚至卖血等，这种欲望就过了。

> **知识点**
>
> 在购买物品之前，我们可以借助心理学的马斯洛需求层次理论，先思考一下这件物品能否满足某个层次的需求。确定是真实需要的才买，而不只是为了欲望买单。通过这样的自我审视，我们不仅能够更理性地做出购买决策，还能让每一件物品都真正服务于我们的生活，从而避免被物质所累，实现内心的平衡与满足。

平衡整理的一个中心

自我实现的需要
审美的需要
认知的需要
尊重的需要
归属与爱的需要
安全的需要
生理的需要

需要 ⇄ 有用

欲望 ≠ 需要

▶ 借助马斯洛需求层次理论，洞悉"需要和有用"之真谛

作为行为科学的经典理论，人本主义心理学家马斯洛的需求层次理论，为我们提供了一个思维框架，帮助我们判断某件物品、某件事情、某段人际关系，甚至内心的某种冲动，究竟属于哪个层次的需要。

马斯洛在其《人类动机理论》（*A Theory of Human Motivation*）一书中，对人类的需求进行了深入的研究和分类[1]。他按照追求目标和满足对象的不同，将人的各种需要从低到高排列在一个金字塔中。

---

[1] 亚伯拉罕·哈罗德·马斯洛.《人类动机理论》，华夏出版社。

> **知识点**
>
> 最传统的马斯洛需求层次理论有五个层级，后来扩展为七个层级：由下而上依次是：生理的需要、安全的需要、归属与爱的需要（也称社交的需要）、尊重的需要、认知的需要、审美的需要和自我实现的需要。

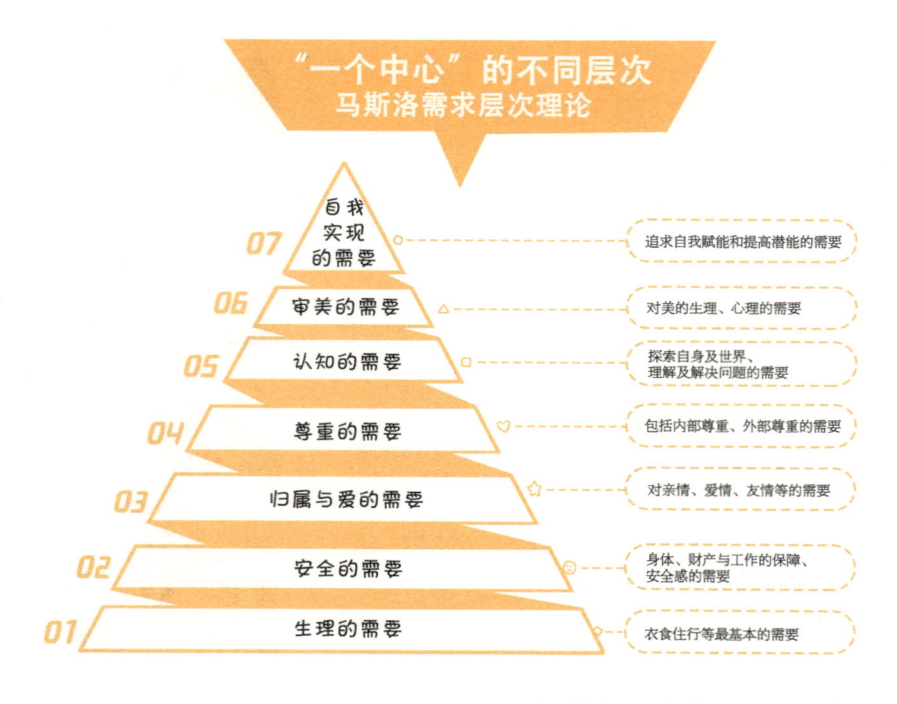

"一个中心"的不同层次
马斯洛需求层次理论

- 07 自我实现的需要 —— 追求自我赋能和提高潜能的需要
- 06 审美的需要 —— 对美的生理、心理的需要
- 05 认知的需要 —— 探索自身及世界、理解及解决问题的需要
- 04 尊重的需要 —— 包括内部尊重、外部尊重的需要
- 03 归属与爱的需要 —— 对亲情、爱情、友情等的需要
- 02 安全的需要 —— 身体、财产与工作的保障、安全感的需要
- 01 生理的需要 —— 衣食住行等最基本的需要

本图参考了图书《人类动机理论》
（作者：亚伯拉罕·哈罗德·马斯洛，华夏出版社）

让我们逐一了解这七个层次的需要。

（1）生理的需要

最底层的生理需要，是指人们最原始、最基本的需要，例如吃

饭、穿衣、住宅、医疗等[1]。若不满足这些需要，可能会危及生命。因此，它们是最强烈的、不可或缺的需要。当一个人为生理需要所控制时，其他的一切需要均退居次要地位。

在物资相对匮乏的年代，人们会用积攒各种基本生活物资的方式来保护最基本的生理需要。有一个著名的"物尽其用"艺术展，艺术家宋冬将他的母亲赵女士——一位70多岁的中国老太太囤积的1万多件"破烂"在全球巡展。这些物品包括各种衣服、旧鞋子、碗罐盆瓶，甚至还有很多挤完的空牙膏管。

那个年代物资匮乏，这些积攒的物品无处不体现了赵女士为了满足基本生存需要而形成的节俭习惯。即使家里乱得已经没有一个可落脚的地方，赵女士也不愿意扔掉这些物品。因为在她看来，这些物品流淌着岁月的印迹。如果轻易扔掉，就是对她自己人生的背叛。

---

[1] 亚伯拉罕·哈罗德·马斯洛.《人类动机理论》，华夏出版社。

宋冬很聪明地通过展览，而不是直接把物品扔掉的方法，把他母亲从这个收藏物品的"茧"中解放出来。相信许多长辈都与赵女士有着相似的习惯，不舍得扔掉那些积攒下来的物品，哪怕这些物品早已失去了使用价值。作为家中的晚辈，我们需要理解长辈的情感，不能粗暴地将那些你认为无用的物品丢弃。相反，**我们应该耐心地与长辈一起，与那些物品对话，去感受他们当年的岁月和故事，帮助他们看清不舍得扔物品的习惯背后的原因**。往往当他们看清这些原因时，便能放下时光的"茧"，重获自由。

（2）安全的需要

马斯洛需求层次理论的第二层是安全的需要[1]。这包括生活场所的安全、职业安全、希望免于灾难、希望未来有保障等。此外，这个层次的需要还体现在每个人都需要安全感，并拥有防御的本能。

> **知识点**
> 安全的需要在很大程度上会影响一个人的整理收纳习惯。
> 各种案例表明，患有"囤积症"的人，内心往往严重缺乏安全感，他们倾向于用更多的物品来包围自己，以此获得一种安全感。

这种安全感缺乏是如何形成的呢？精神分析大师弗洛伊德[2]认为，原生家庭对一个人有着重大的影响。他把人类性心理发展分为五个阶段：口唇期、肛门期、性器期、潜伏期和生殖器期。其中，口唇期，也就是一岁前，婴儿主要依靠口部的吸吮来满足本能的需要。如果在这一时期婴儿没有得到及时满足，长大后他可能会缺乏安全感，

---

[1] 亚伯拉罕·哈罗德·马斯洛.《人类动机理论》，华夏出版社。
[2] 弗洛伊德.《弗洛伊德心理学》，台海出版社。

行为上也会出现口腔性格特征——例如贪吃、啃指甲、抽烟等。国内心理学专家武志红老师也曾提到：喜欢囤物的人可能是在口唇期未被满足，导致成年后缺乏安全感，这些人倾向于购买超过实际需要的物品，企图以此获得安全感。

如果囤物行为非常严重，达到了"强迫性囤积症"的状态，就属于精神疾病的范畴了。"强迫性囤积症"指患者毫无节制地囤积物品，其形成往往与心理创伤相关。这种人的大脑对于物品相关记忆的海马状突起会比较活跃，导致他们对物品有强烈的占有欲，即使是无关紧要的物品，也不舍得扔掉。

> **知识点**
> 整理对于"囤积症"患者是一种很好的行为疗法，通过整理这种"暴露疗法"，可以让他们反复地练习扔掉一些物品。当他们发现扔掉这些物品并不影响生活时，便能逐渐改变自己囤积的行为模式，重获新生。

（3）归属与爱的需要（社交的需要）

马斯洛需求层次理论的第三层是归属与爱的需要，也称社交的需要，这包括对亲情、爱情、友情等的需要[1]。如果这种社交的需要得不到满足，就会影响人们的精神状态，导致各种情绪问题的产生。

不同的人，其社交需要的程度是不一样的。2018年，BBC世界广播（BBC World Service）发起了一项迄今为止全球最大规模的孤独研究在线调查——BBC孤独实验（The BBC Loneliness Experiment）[2]，共有54 988人参与了该调研。研究结果表明：年轻

---

[1] 亚伯拉罕·哈罗德·马斯洛.《人类动机理论》，华夏出版社。
[2]《个体差异研究领域期刊》(*Personality and Individual Differences*)。

人比中年人更容易感到孤独；中年人比老年人更容易感到孤独；男性比女性更容易感到孤独。

在当今互联网时代，社交的需要被进一步放大。**其核心特征是被看见、被需要、被认同。互联网的交流互动类产品，都是围绕着人们社交的需要来设计的**。无论是微信朋友圈的分享功能，还是各种视频平台的互动功能，都是为了让独立的个体能够在互联网上触及更多的人，满足被看见、被需要、被认同的社交需要。

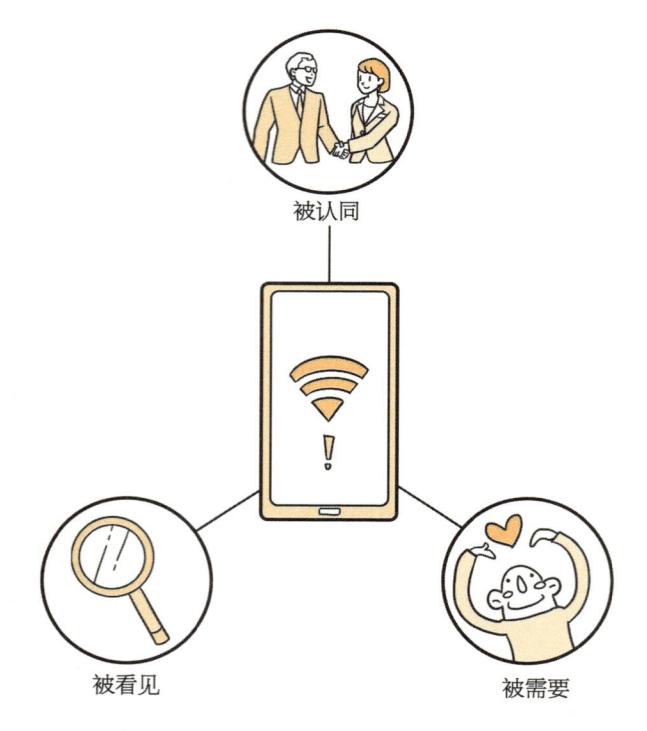

被认同

被看见　　被需要

2021年，抖音的母公司字节跳动成为全球最大的独角兽企业。据统计，抖音的总用户数量已经超过9亿人，人均单日使用抖音时长超过2个小时。这充分说明了当下人们对于社交的强烈需要。

除了交流互动，部分奢侈品的背后也蕴含着人们的社交属性需求。前几年火爆的电视剧《三十而已》中，女主角顾佳用所有的积蓄买了一个爱马仕的包包，并把它作为入场券，进入了阔太太的圈层。这个例子虽然有点极端，但在当下经济低迷的情况下，顶级奢侈品的销量反而仍在增加，这也体现了当代人为了博取社会认同和满足社交需要所付出的代价。

也正因如此，我希望本书能提醒消费者，**要平衡物质与精神的需求，去除多余的欲望，回归自己的内在，才能掌控人生，而不是成为物质的奴隶。**

（4）尊重的需要

马斯洛需求层次理论的第四层是尊重的需要，分为内部尊重（自尊）和外部尊重（希望得到他人的尊重）[1]。

如果缺乏自尊，会使人自卑。自卑的人往往非常敏感，过分在意他人对自己的评价。他人不经意的一句话，都会在其内心引起波澜，使其胡乱猜疑。著名心理学家阿德勒认为[2]，自卑情结源自婴幼儿时期的无能状态和对他人的依赖，或成长过程中的家庭经济因素和社会文化因素。

如果我们特别在意外在的评价，主动权不在自己身上，我们就会活得很累。**只有通过刻意练习，建立足够强大的内在评价体系，了解自己是谁，有什么需要；知道自己的闪光点，能够为他人带来什么时，我们才能成为一个发光体，既能温暖自己，也能照亮他人。**

去培养你的强项和优势吧！你若盛开，蝴蝶自来。我个人特别

---

[1] 亚伯拉罕·哈罗德·马斯洛.《人类动机理论》，华夏出版社。
[2] 阿尔弗雷德·阿德勒.《自卑与超越》，中华友谊出版公司。

推荐读书，书中自有颜如玉，书中自有黄金屋。与其花大量时间刷抖音，不如多读书，在知识的海洋里遨游，与众多智慧的作者对话，从他们宝贵的人生经验里吸取养分。当你成长为一个优秀的人时，你自然有底气，也有自尊，就能获得他人的认可和尊重。

（5）认知的需要

马斯洛需求层次理论的第五层是认知的需要，这是指个人对自身和周围世界的探索、理解及解决疑难问题的需要❶。20世纪50年代，西方出现了一门专门研究认知的学科——认知心理学。正是基于认知心理学对神经网络和深度学习的研究，催生了当下最热门的人工智能（AI）应用热潮。

在当今社会，物质生活已经被极大地满足，基础物质层面的需求不再是痛点。相反，竞争导致的内卷，使得人们对提高认知和学习的需求空前增加。而且，认知不再局限于传统的线下亲身经历，通过互联网的各种知识平台，获取新知识、新认知变得非常容易。然而，这些越来越多的碎片化知识，是否真的有用？能否进入大脑皮层，形成长期记忆？这时我们就需要理性地看待认知的需要：建议关注那些真正喜欢、感兴趣，或者擅长的领域。这样，我们就不会被认知的需要搞得疲惫不堪，不会成为知识和认知的奴隶。

（6）审美的需要

马斯洛需求层次理论的第六层是审美的需要，这是指人类对美的生理和心理的需要，例如，对于事物对称性、秩序性等美的形式的欣赏，以及对艺术的追求等，都是审美需要的表现❷。

当今社会可以称之为"颜值"社会。人人都爱美，衣服、化妆品

---

❶❷ 亚伯拉罕·哈罗德·马斯洛.《人类动机理论》，华夏出版社。

等让人外表变美的产品已经是必需品。其他的日用品、家居用品等，如果没有设计好看的外观，也会卖得不好。

充斥市场的产品已经让大众的基本生理需要和安全需要得到满足，但功能性需求同质化。要突破，就需要设计出有"颜值"的外观，通过满足审美的需要这一差异化优势，让大众为美的产品付费。

审视一下你周边的物品，有多少是基于生理和功能的需要购买的？又有多少仅仅是因为其外形美观而购买的？

对整理收纳的需求日益增长，部分原因也是由于大众审美需要的增加。 人们开始注重自己的生活品质，无法忍受被杂物包围的脏乱差的环境。通过整理收纳，把不必要的物品清理出去，还原生活空间的**秩序之美**。

（7）自我实现的需要

马斯洛需求层次理论的第七层是自我实现的需要，这是指人们追求实现自我的能力或者潜能，并使之完善化的需要[1]。马斯洛认为，自我实现是人的终极目标，即成为自己所期望的人，达成与自己能力相匹配的事情。

在自我实现的过程中，人会产生出一种高峰体验的情感。这时的人处于最完美和谐的状态，感受到一种欣喜若狂、如醉如痴的感觉。**用积极心理学的词汇来描述这种高峰体验的状态，就是心流（Mental Flow）。心流是指人在专注进行某行为时所表现出来的心理状态。**[2] 心流产生时，会有高度的兴奋及充实感，它是幸福的源泉。

观察一下你周边的环境和物品，看看你在与什么物品相处、做什么事情的时候，能产生心流的感觉。

以我自己为例，几年前，繁忙的心稍微安定下来，我发展了绘画的爱好。画一幅画有时候需要几个小时，却仿佛一眨眼时间就过去了，内心不再有紧绷感，非常愉悦。这种状态，就是心流。

（8）物品不同需求层次分类表

通过马斯洛需求层次理论，我们可以清晰地了解不同物品满足的需求层次。

为了帮助读者理解，我将家庭中的常见物品按照马斯洛需求层次理论进行了分类，并给出购买和整理收纳的建议，供大家参考。

---

[1] 亚伯拉罕·哈罗德·马斯洛.《人类动机理论》，华夏出版社。

[2] 米哈里·契克森米哈赖.《心流》，中信出版社。

物品不同需求层次分类表

物品	特征	满足需求的层次	购买和整理收纳建议
消耗品：例如食品、清洁用品、日用品等	随着时间的推移和使用而被消耗	衣食住行的生理需要和安全的需要	只需保存日常使用所需的量，再加上订购期所需的安全备用量即可
厨房电器、生活小帮手等工具	随着时间的推移和使用会贬值	衣食住行的生理需要	按照实际需要来购买，应注重用具的功能，选择好用的工具
大家电、家具等*	随着时间的推移和使用而被消耗、会贬值	衣食住行的生理需要	按照实际需要来购买，应首先注重功能，选择好用的物品*
灭火器	保护居家安全	安全的需要	放在家中可方便取放的区域（不能藏起来）；定期检查物品的有效性和功能性
房产证、金融资产文件等	安身立命之本	安全的需要	建议妥善存放在防火、防水的保管箱内
精神类物品	那些心爱的人赠予的物品，或者自己在某个特殊场景下购买的物品，它们往往能让你的内心充满爱。包括宗教物品，寄托了人的归属感	归属与爱的需要	妥善保存，也可展示在家中的特别位置
奢侈品：如贵重包包、手表等	随着时间的推移和使用，不会贬值的物品	社交的需要	按照保养规则保管好现有物品；严格按照需求和能力来购买，而不是为了满足攀比欲望

· 053 ·

续表

物品	特征	满足需求的层次	购买和整理收纳建议
书籍	纸质书籍	尊重的需要和认知的需要	保留对你还有帮助的书籍
手机、电脑等电子设备	连接互联网的工具，包括电子书籍	社交的需要、尊重的需要和认知的需要	定期整理设备内的程序、文件、信息等，删掉过时的或没用的内容
衣服**、化妆品、饰品、轻奢包包等	让个人更美的物品	审美的需要	根据时尚风格的改变、个人体型的变化，定期更新，只保留适合当下的衣服、化妆品、饰品、包包等。通过合理搭配，让自己时刻展现最佳状态
家居装饰品、陈列品	让家庭更美的物品	审美的需要	根据家庭装修的风格和色彩来搭配，让整体环境和谐美观
个人爱好用品	那些会给你带来心流体验的物品，例如绘画工具等	自我实现的需要	能方便取放的专属区域，最好能在家庭打造一个专属空间
个人成就物品	奖状、奖杯等代表个人成就和他人认可的物品	尊重的需要和自我实现的需要	放在家中显眼的位置，提醒自己是很棒的，继续努力
梦想寄托类物品	那些象征着你梦想的物品，例如梦想大学的照片	自我实现的需要	放在家中显眼的位置，时刻提醒和鼓舞自己追求梦想

备注*：在选择大家电和家具时，首先看重其功能，并结合家庭装修的风格和色彩来搭配选择。

备注**：衣服的分类比较复杂，包括满足基本生理需求的保暖衣、为了满足社交需求的礼服、为了展示自己美丽外形的裙子等。这里只按照常用物品特征做个示例，具体的分类可以参照后面章节的相关内容。

通过这种分类，我们可以更清晰地理解和管理物品，让每一件物品都真正服务于我们的生活。

> **知识点**
>
> 在选择和购买物品时，请反问自己，这件物品是否能满足你某个层次的需要？而不仅是为了满足单纯的欲望。
>
> 每个人的判断和选择的标准都不一样。我们要透过物品，洞见自我，按照自己的"一个中心"，去选择真正需要和对自己有用的物品，这就是整理的要义。

> 🎯 **实践练习**
>
> 大家不妨试着与家里的物品对话，问问自己，如果某一天，你必须放弃家里的几乎所有物品，只能带一件物品离开，这件你最舍不得的物品是什么？请不要思考太久，脑海里下意识出现的答案，往往才是最真实的，对了解自己最有帮助。

这个问题真的是对灵魂的拷问，能够让人反思什么人、事、物是你最珍视的。关于这个问题，我的答案是家庭合照，因为对我而言，家庭最为重要。我女儿的答案是手机，对于她来说，朋友和社交最重要。我儿子的答案则是"小东西"——一条从小在枕头边陪伴他的毛巾，它给他带来了安全感。

而我的一个朋友，他对于这个问题的答案是他最贵的手表。因为他从小在艰苦的环境中长大，小时候物资匮乏，导致了他有强烈的不安全感。成年后通过努力，他获得了事业的成功和财富，但他依旧非常在意金钱。所以那块花大价钱买的手表，是他觉得最不舍得的物品。对于自己下意识的答案，他一开始也觉得不可思议。经过我进一步分析他的背景和原生家庭后，他觉得很有道理。

可见，**透过物品，可以洞见自我。通过物品来了解自己的需求，知道哪个层次的需求对自己是最重要、最不可取代的，能够真实地反映一个人的价值取向。**

（9）需求排序后的选择

通过马斯洛需求层次理论，我们洞察了物品背后对应的不同需求层次。然而，**人的各种需求有时候会产生冲突。在一定的限制条件下（无论是金钱、时间，还是空间），我们应当按照当下需求层次的重**

要性来进行排序和选择。

比如，当你看见一件很漂亮的物品时，可能会想占为己有。这件物品固然能满足你的审美需要，但如果家里充满了华而不实的物品，反而会显得很乱。这时候，我们可以参考以下决策流程来分析物品，看它是否能满足当下最重要层次的需求，然后做出选择。

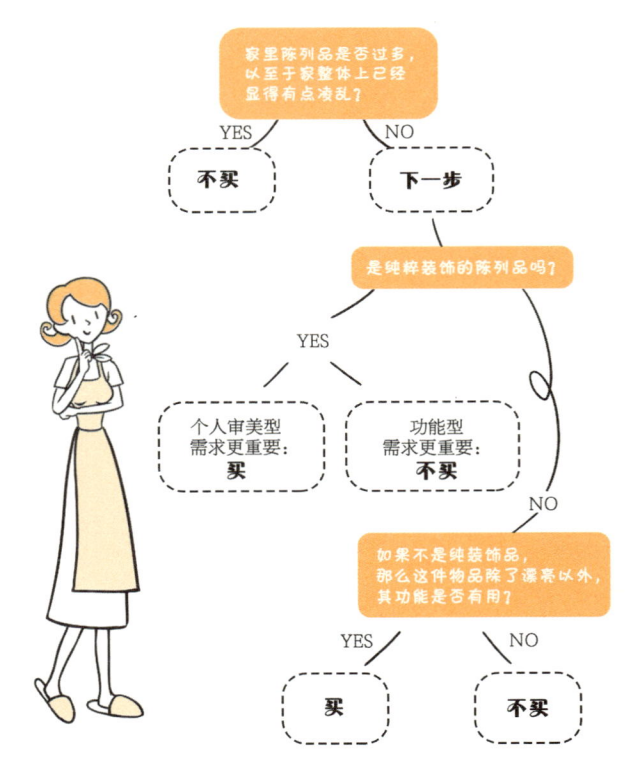

```
家里陈列品是否过多，
以至于家整体上已经
显得有点凌乱？
         YES → 不买
         NO  → 下一步
              ↓
         是纯粹装饰的陈列品吗？
              YES
         个人审美型          功能型
         需求更重要：        需求更重要：
           买                 不买
              NO
         如果不是纯装饰品，
         那么这件物品除了漂亮以外，
         其功能是否有用？
         YES → 买
         NO  → 不买
```

也就是说，**在某一个特定时期，如果某种层次的需求对你来说更为重要，那么就应该优先满足这个层次的需求。为了实现这一重要需求，甚至需要暂时放弃其他层次的需求。**这种选择的智慧，是在纷繁复杂的生活中保持内心秩序的关键。

➤ "去伪存真",唯留真我所需

(1)"补偿机制"

可能读者会说,即使我了解了自己的需要,也明知道有些物品并不是那么有用,可我就是忍不住买买买呀!怎么办?

美国心理学之父威廉·詹姆斯为这种行为提供了深刻的解释。他认为自我包括以下三个部分[1]。

物质自我: 这是指与周围物质客体相伴随的躯体我,比如个人的身体、衣物、房屋、财产等。

社会自我: 这是关于他人对自己的看法,每个人在社会上都需要获得他人的认可。

精神自我: 这是指个人的意识状态,监控内在思想与情感的自我。

> **知识点**
>
> 詹姆斯认为,人们在追求物质的同时,物质也在印证着我们。从某种意义上说,追求的物质就是自我的部分延伸。
>
> 因此,当人们感受到无价值时,补偿机制会使他们不自主地将关注点投射到对物质的追求中,通过追求物质的"高价值"来填补精神的"低价值"。

奢侈品在很大程度上扮演着彰显物品主人经济能力、地位和成就的角色,早已超越了基本生理需要的范畴。

然而,那些真正见过第一流事物的人,对于物品的需求往往是恬淡的。对于他们来说,内心的追求,而不是物欲,才是他们接下来的人生功课。**物品只是为他们所用,他们不会成为物品的"俘虏",**

---

[1] 威廉·詹姆斯.《心理学原理》,北京理工大学出版社。

因此才能活出本真的自我。

（2）"鸟笼效应"

詹姆斯还提出了著名的心理学现象"鸟笼效应"[1]。当年詹姆斯从哈佛大学退休时，与同为哈佛大学教授的物理学家卡尔森打赌，说一定会让卡尔森养上一只鸟。卡尔森不以为然。恰逢卡尔森生日，詹姆斯送上礼物——一只精致的鸟笼。卡尔森笑道："我只把它当成工艺品，你就别费劲了。"可是，从那以后，只要客人来访，看到那只空鸟笼，几乎无一例外地好奇问道："教授，你养的鸟呢？"卡尔森只好一次次解释："我从来就没有养过鸟。"然而，这种回答每次都换来了客人困惑的眼神。无奈之下，卡尔森教授只好买了一只鸟，詹姆斯的"鸟笼效应"奏效了。

---

[1] 卜涵秋.《鸟笼效应》，中国水利水电出版社。

发生这种鸟笼效应，本质上还是因为我们太在乎外在的评价。每个人都多多少少被集体意识所"绑架"，按照集体的思维惯式去采取行动，生怕自己被看成异类。我们要抓回自己的主动权，避免为了满足别人心中的鸟笼，而选择了自己并不喜欢的生活方式。

鸟笼效应还反映了人们在获得一件物品后，会继续添加更多与之相关的物品。以我自己为例，我并不喜欢打高尔夫球，可是周边的人都在打球，似乎不学习就会掉队。所以，为了融入这个圈子，我买了一套球杆，接着又买了球衣、球鞋等高尔夫球配套系列用品。可是，十年过去了，连我的球杆把手都脱落掉皮了，我下场的次数也屈指可数。这些高尔夫球用品成了鸡肋，却又弃之可惜。与其这样，还不如当初坚定地不学打高尔夫球，只做自己喜欢的事情。

知识点

当我们通过整理物品，细心审视并发现哪些是你真正需要和喜欢的，同时，通过察觉那些你根本不用或很少用的物品，去伪存真，才能了解真正的自己。

人最大的乐趣是自由，不要被物品束缚，不要被某件事情束缚，更不要被欲望束缚。占有的物品再多，快乐也不会递增。

因此，整理就是保留自己真正需要和对自己真正有用的物品，重新构建我们的生活！

小结

平衡整理的"一个中心"就是要严格遵循"需要和有用"的标准，选择那些真正满足当下需求的物品，果断淘汰已不再需要的物品，并且按照当下需求层次的重要性来进行排序和选择。

整理不仅仅是物品的整理，更是内心的整理。每一次的选择和淘汰，都是一次自我认知的过程。我们要时刻铭记，这个"一个中心"的准则在于我们自己，而不是任何外界的标准或集体意识。通过这样的整理，我们才能去伪存真，剥离出那些浮华和虚假的外壳，洞察到最真实的自己，回归到最本质的存在。

02 透过平衡整理，找到最适合自己的状态

还记得我提到《中庸》中"权衡""用中"和"时中"的智慧吗？平衡整理的一个中心，就是研究"权衡"的支点，即每个人判断和选择的标准。

平衡整理的两个层面，则是探究"用中"的问题——如何才能让这个标准恰到好处。

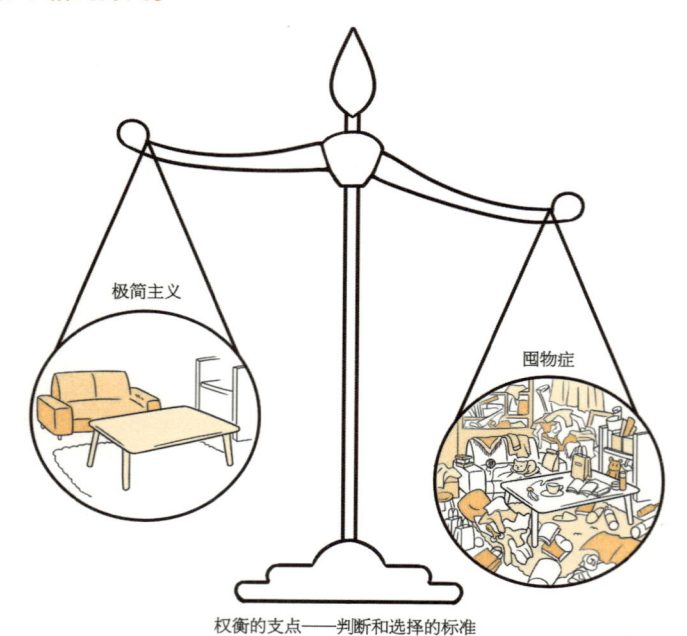

极简主义

囤物症

权衡的支点——判断和选择的标准

"用中"：寻找两端之间的结合点，做到恰到好处

➤ 适度——"刚刚好"

你或许有这样的疑问：只要是我认为需要和有用的物品，我都可以购买吗？或者，网络上极简主义生活的场景看起来非常治愈，我也很向往，但这种极简主义的风格是否真的适合我呢？这就引出了平衡整理的两个层面。

> **知识点**
> 借用《易经》中"阴阳平衡"和《中庸》中的"度"的智慧，平衡整理的两个层面主张适度整理：既不过多，也不过少，追求的是恰到好处，在两个极端之间找到一种有条不紊的生活方式。

平衡整理不鼓励极端的生活方式：既不推崇极简主义，也不认同囤物症。极简主义的人，可能会因为追求完美而过度地进行断舍离，导致生活不便；而囤物症则是被物品所包围，有限的空间会被无限的物质所填满，造成金钱、时间的浪费。

> **知识点**
> 平衡整理提倡的是一种适度的整理：找到"刚刚好"的状态，确定适合自己的物品数量。这意味着物品不多不少，恰好满足自己舒适使用的需求，每件需要的物品都能方便地获取，既不过度囤积，也不过度断舍离。适度地整理，才最自然、最舒服、最持久。

平衡整理的两个层面

◆ 就整理物品而言,平衡整理并不鼓励两个极端:极简主义或者囤物症。
◆ 我们鼓励刚刚好,舒服、适合自己。

▶理性思维——保持适度的物品数量

那么,如何才能做到恰到好处呢?究竟多少数量的物品才是合适的?比如在双十一打折时,应该购买多少日用品才算合适呢?这里推荐几个简单易行的方法,让大家可以按照理性思维,来确定适合自己的物品数量。

(1)按照收纳空间来决定物品的数量

过往的一些案例表明,一个三口之家的物品数量有的甚至会达到一万件。即使是整理收纳的爱好者,他们家中的物品也往往有几千件。所以那些真正践行极简主义的达人，他们家中只有几百件物品的生活方式，是大部分人难以模仿的。而一个普通家庭的几千上万件的物品，其实大部分是为了满足基本生理需要的消耗品。除了特殊时期，购买这些消耗品是很方便的。因此，我们完全没有必要为了小小的折扣，把家里变成仓库。**我们只需要按照每天在用的实际数量，略加一点安全备用库存就足矣了。安全库存的数量可以按照收纳空间来决定。**例如，如果你放卫生纸的空间能存放十卷，那么即使再便宜，也不能买超过十卷卫生纸的量。

这种方法用来教孩子整理收纳也特别管用。比如说，我们学院的何院长教她的孩子学整理收纳：玩具筐容量有多大，你就买多少玩具；如果你想要买新玩具，就要淘汰旧玩具。结果孩子瞅了玩具箱里的玩具半天，没有想舍弃的，于是就不买新玩具了。

再举个例子，很多家里的老人习惯收集塑料袋，我母亲就是如此。而整理最大的难点，可能就是与长辈沟通了。真的要晓之以理，动之以情啊。于是我跟我母亲商量："妈妈，您看您在厨房水槽下面收了这么多塑料袋，都发霉了，而且塑料袋进的速度比出的速度要快，都堆满了。我们能否在这里放一个小篮子，塑料袋只能放在这个篮子里，篮子满了，就只能扔掉多余的塑料袋。"母亲点了点头。

> **知识点**
> 按照空间大小来决定适当的物品数量，是最简单易行的方法，尤其对自我管理能力稍弱的人，这种方法特别适用。

（2）进（IN）与出（OUT）的平衡

> **知识点**
> 进（IN）与出（OUT）的平衡原则指的是：当你买进一些物品时，也要注意定期处理掉一些不需要、不合适的物品，这样才能保持有限的空间内物品不过多。

那么，哪些是不需要、不合适的物品呢？

> **知识点**
> 我们可以参考平衡整理的"一个中心"的原则：只要不符合你当下的"需要和有用"标准的物品，就可以考虑出（OUT）了。举例如下。
> 超过使用期限的物品：例如过期的食品、药品；
> 不再能使用的物品：例如坏的工具、坏的电器；
> 不合适的物品：例如原来合适的衣服，但现在不合适，穿不下了；
> 不舒服的物品：包括生理上不舒服的，例如太紧的鞋，穿了会磨脚；或者心理上不舒服的，例如别人送给你的物品，但是你怎么看都觉得心理不舒服；
> 不再心动的物品：按照近藤麻理惠老师的标准，指那些当你与物品对话时，不再让你怦然心动、不再喜欢的物品；
> 长时间未用的物品：使用频率特别低的物品，尤其是超过一年你都没有使用过一次的物品（关于这点，后面有专门的讲解）。

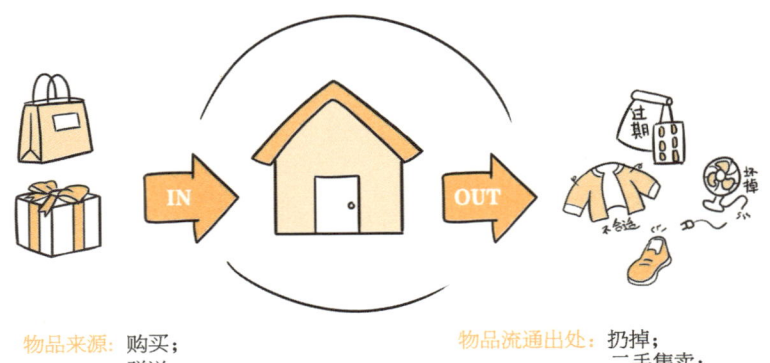

物品来源：购买；
　　　　　赠送

物品流通出处：扔掉；
　　　　　　　二手售卖；
　　　　　　　送人；
　　　　　　　绿色环保回收

更多保持适度的方法，将在后面的内容中陆续介绍。只有开始动手整理了，你才会真正关注你的物品，知道你到底拥有什么，也知道你缺乏什么，从而选择更适合自己的生活方式。

> **实践练习**
>
> 　　让我们来做个练习吧：明确你家中哪个区域是最急需整理的——也就是说，家中物品最多、经常让你找不到所需物品的区域。然后试着猜一猜在这个区域里，你所拥有的物品数量？
> 　　你只需要随性写下一个数字就好。让我们带着这份好奇，在后续的内容中，揭晓你的答案是否准确，或者是否接近现状。

▶ 感性思维——保持空间的美感

可能有人会说，这样做太累了，还要算什么数字，太麻烦了！**确实，用理性思维来保持适度的物品数量，对于偏理性思维的人来说特别有用；但对于偏感性思维的人，可能只需保持空间的美感，就是最适合他们的选择。**

什么样的空间才算美呢？根据过往整理收纳的案例经验，可以参考以下原则。

（1）留白

留白可以说是中国绘画艺术里最有意境的表现手法，在表现形式上删繁就简。同样，在家居布置和整理收纳时，给空间留白，也是一门艺术。**不同的空间都应该适当留白，避免因物品过多而产生拥挤感。家居空间能"呼吸"了，人在里面才会感到舒适。**

空间有了留白，才方便更好地使用。大部分杂乱的房间，正是因为把物品都铺在了地面、台面，才显得特别乱。 以厨房为例，我们不能把厨房要用的物品都摊开来放在台面。因为台面是操作台，如果物品把台面占满了，就会影响我们下厨时的效率。我们应该把厨房物品收纳在橱柜、墙面、冰箱中，把操作台面留白，才能方便使用。

（2）保持展示区与储存区的平衡

展示区指开放式的收纳区域，例如玻璃透明柜子、墙上的层架等；而储存区指封闭式的收纳区域，例如带门的柜子、带盖子的盒子，或者专门的储物间。

入住新家前，一定要规划好收纳空间。整理收纳师有专门的服务，即参与到家装设计中，按照房屋主人的使用习惯，来协助其提前规划好收纳空间。 一方面，我们不建议盲目设置太多的展示区，这会让家里显得杂乱；另一方面，也不能把家规划成一个货仓，到处是高高的封闭的柜子，让人感到窒息。

> **知识点**
>
> 只有平衡规划好展示区和储存区，才能保持美感。按照收纳面积折算，一般建议二八原则，即展示区占20%，储存区占80%。

储存区
（不超过房间收纳空间的80%）

展示区
（不超过房间收纳空间的20%）

此外，可以参考山下英子老师在《断舍离》中提到的"7·5·1法则"[1]。她建议：完全开放式的展示区，物品收纳的量不超过收纳空间的10%；笔筒等看得见的收纳空间，物品收纳的量不超过其50%；而衣柜等看不见的收纳空间，物品收纳的量不超过其70%。按照这样的比例来收纳物品，不仅能保持空间的美感，还能方便物品的取放。

（3）匹配性

保持美感的另一个重要原则是物品（包括收纳工具）要与家居风格相匹配。

在家庭装修设计时，设计师一般会根据业主的喜好，提供各种家居设计风格供选择，比如说新中式、北欧风格、古典欧式等。当家居风格确定后，物品的风格，尤其是放在展示区的物品，建议与家居

---

[1] 山下英子.《断舍离》，广西科学技术出版社，第156–158页。

风格相匹配，否则就会显得不协调。

同样，**物品的色彩也建议与家居的整体色彩相互协调**。在参与制定整理收纳国家标准的过程中，我深刻地体会到整理师的专业性：评委要求整理师需要懂得专业的色彩搭配知识，要掌握**无色系（黑白灰）、三原色（红黄蓝）、彩虹色（红橙黄绿青蓝紫）等色彩的专业搭配技巧**。这样，整理收纳师整理过的房间，才能让人赏心悦目。

如果你觉得风格和色彩搭配起来太复杂，我个人推荐极简的日式风格：它的特点就是温馨自然，大面积采用原木材质，色彩朴素单一；物品尽量选用白色、木头原色。这样，整个家看起来会很清爽，而且整体会呈现一种暖意。

小结

综上所述，平衡整理的两个层面提醒我们，要保持适度地整理，既不过多，也不过少，提倡的是恰到好处。恰到好处地整理，会让我们在物质与精神之间找到最舒适的平衡点，进而让我们拥有持久的幸福感。

无论是用理性思维找到适合自己的物品数量，还是用感性思维来保持空间的美感，只要找到最适合自己的方式，保持最适合自己的状态，就是最舒服的、最持久的。

03 把握人、物、空间的动态平衡

平衡整理的一个中心探讨了"权衡"的支点,明确了我们判断和选择的标准;平衡整理的两个层面掌握了"用中",做到适度、恰到好处。

平衡整理的三个维度则是研究"时中":根据每个人在生命中的不同阶段对物品的不同需求,合理利用空间,从而达到人、物、空间的动态平衡。

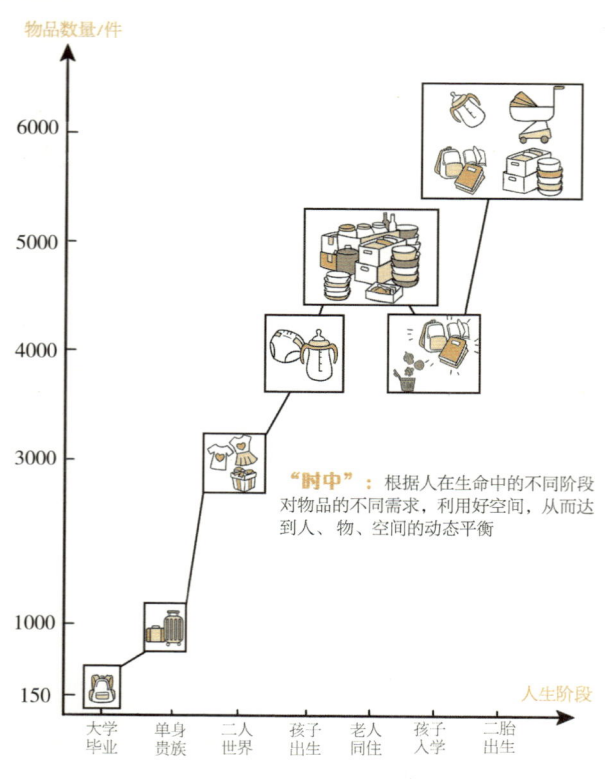

"时中":根据人在生命中的不同阶段对物品的不同需求,利用好空间,从而达到人、物、空间的动态平衡

➤ 人、物、空间的秩序平衡

> **知识点**
>
> 具体来说，我们思考和判断的角度，首先从"需要和有用"这一标准出发，选择适合自己的物品。
>
> 然后根据空间的大小，决定能存放的物品数量。也就是说，物品数量要与空间相匹配，不建议过多，也不建议太少。
>
> 同时，还要观察人的起居生活动线和动作，来决定物品收纳的最佳位置。

平衡整理的三个维度

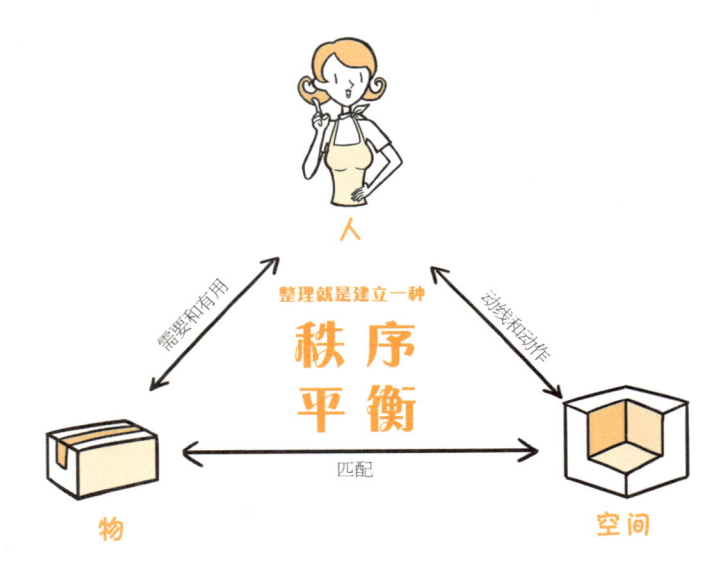

整理就是建立一种**秩序平衡**

- 人 — 需要和有用 — 物
- 人 — 动线和动作 — 空间
- 物 — 匹配 — 空间

➤ 从空间设计的角度来优化收纳

要实现人、物、空间的秩序平衡，除了要平衡人的需要和物品的关系外，还需要特别关注空间的因素。如何从空间设计的角度来优化收纳，这里给大家介绍空间设计的三大法则。

空间设计的三大法则

从空间设计的角度来优化收纳

- 规划好功能区
- 考虑人的使用动线和动作
- 设计足够好用的收纳空间

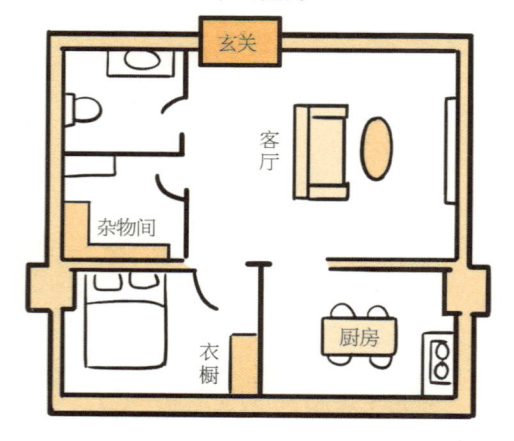

（1）规划好功能区

整理的定义就是去除不必要的物品，并加以区别。留下的物品分类后，按照不同的物品需分区域收纳，所以空间也需要设计出不同的功能区。我们可以这样理解，空间的功能区规划，就是空间的大分类。

例如，儿童房物品比较多，也相对比较乱。当我们把儿童房设置了不同的功能区：睡眠区、学习区、娱乐区，我们就能要求孩子把物品按照功能区来分类归置，这样儿童房就能更整洁。

法则一： 规划好功能区

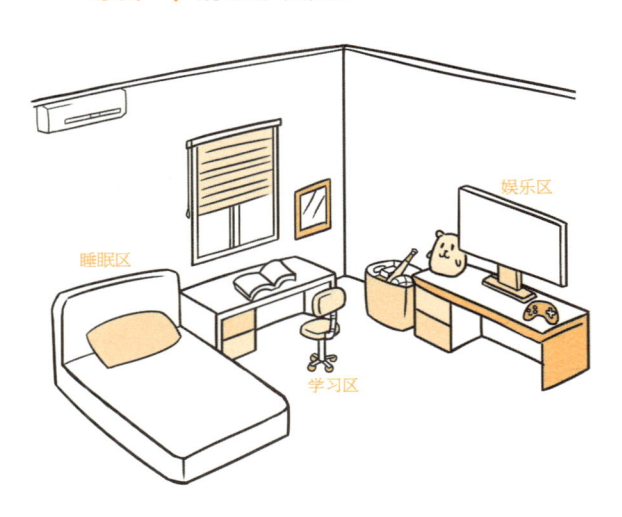

再举个例子，我们在进行个案研究时，常常发现女主人的衣橱整理需求最大。其中，最常见的问题在于定制衣柜的设计并不符合实际需求。例如，女主人的叠衣区空间过多，而挂衣区空间却不足。

虽然各种"叠叠叠"的收纳教学视频很受欢迎,但是人是有惰性的,大部分的衣服,用挂的方法更方便拿取和收纳。

因此,挂衣区的空间需要足够大,而且需要根据主人衣服的数量,再细分为长衣区、短衣区、挂裤区等区域。

> 我的长裙多,衣橱要多设计这样长尺寸的挂衣区。

衣橱内部空间区域图

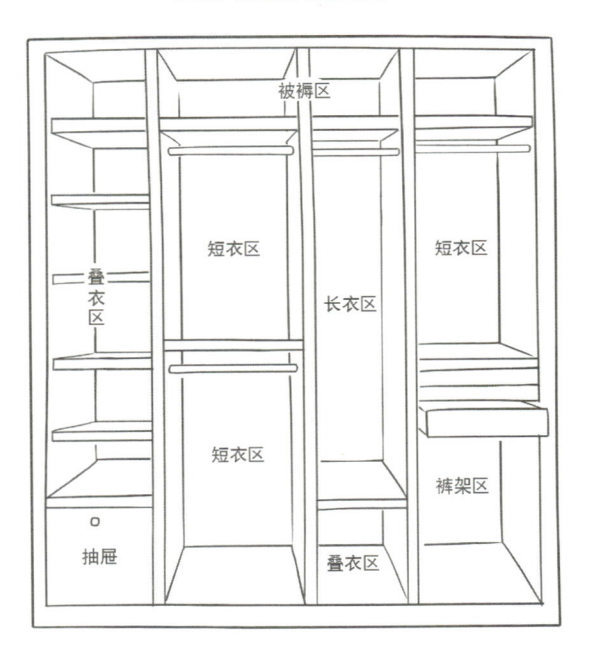

```
被褥区
叠衣区    短衣区    短衣区
          长衣区
          短衣区    裤架区
抽屉              叠衣区
```

> **知识点**
> 设计时，要按主人物品的特点来进行空间的规划和分类，才能让空间利用率最大化，避免有些空间空置被浪费，而有些空间却已堆不下更多的物品。

整理师上门服务时，第一步就是了解主人的生活习惯和拥有物品的状态；第二步则往往需要改造现有的空间：例如，整理师通常会把定制衣橱内原有的一些隔板锯掉，以增加更多的挂衣区。衣服一般是从长到短挂，这样短衣服的下面自然会形成叠衣区的空间。这时候配上收纳工具，例如整理箱，方便换季时随时移动。通过这样的设计，不仅可以大大提升空间的利用率，还能让物品的收纳变得更加方便和高效。

（2）考虑人的使用动线和动作

> **知识点**
> 规划好空间的功能区，做好空间的大分类后，定位物品时（即确定物品具体放在哪里），就需要考虑人的使用动线和动作。这样才能方便进行某项作业，拿取某件物品和还原放置时最容易、最高效。

从动线角度举例：在厨房，按照使用者的习惯，一般操作先后有五个动作：取出食材、清洗食材、加工与备菜、烹饪与调味、装盘上菜。厨房的空间设计也应该依照这些动作的先后顺序来布局。这样主人在厨房内就不会来回穿梭，手忙脚乱。《整理生活：风靡全球的整理收纳术》一书中详细介绍了五种常见的厨房布局，并提供了最高效

的动线设计方案。❶

取出食材 → 清洗食材

装盘上菜 ← 烹饪与调味 ← 加工与备菜 ← 清洗食材

U 形厨房的操作动线

❶ 整理生活学院.《整理生活：风靡全球的整理收纳术》，中国纺织出版社，第 145—149 页。

除了要考虑人的使用动线外,收纳设计时还要考虑尽量减少收纳的动作。每减少一个动作,都可以提高效率,同时也避免因为动作过多而懒得物归原位的问题。

法则二:考虑人的使用动线和动作

- 常用的物品放在收纳黄金区域;
- 重的物品放在最低的地方,避免安全隐患。

不常用的轻东西

有时会用的东西

常用的东西

有时会用的东西

不常用的重东西

> **知识点**
>
> 按照使用者的身高,使用最方便的是中间部位(上不超过眼睛平视的高度,下到手自然下垂的空间),其次是下方部位(从腰部到地面的空间),最后才是上方部位(从视线到天花板的空间)。

这种收纳摆放方式不仅能提高效率,还能从安全的角度出发,避免安全事故。 例如,老年人的物品不适宜放在上方部位,孩子的物品也需要根据他们的身高,放在他们能够得着的地方,方便拿取和归位。

因此,一个好的整理收纳师需要懂得人体工学,这样才能设计出符合使用者身高和使用习惯的收纳系统,从而最合理地设计柜子的高度和深度。空间设计合理了,后续的收纳工作就容易多了,使用起来才能最方便,好拿、好取、好放。

> 🎯 **实践练习**
>
> 也许对你来说,动线是个比较抽象的概念。让我们来做个练习吧:回忆一下你每天的起居动线,以及你常做的收纳动作,看看有没有可以优化的地方?比如,衣服从洗、晒、熨,到存放的路线,会不会让你在家里跑来跑去?这些收纳的动作是否已经最少?收纳的位置是否方便取放?如果不是最优,列下那些可以优化的点,并重新安排物品的摆放位置。

通过这样的练习,你会发现自己的生活可以变得更高效和更舒适。每一个小小的改进,都是一次对自我和生活的重新审视与优化。在日常的每一个细节中,发现和追求更好的生活方式,也是整理的意义所在。

（3）设计足够好用的收纳空间

很多房子在设计时，没有设计足够好用的收纳空间，导致许多物品裸露在外，房间看起来杂乱无章。

《整理生活：风靡全球的整理收纳术》专门提到**收纳容积率**的概念，这跟建筑设计的容积率概念类似。土地有限，房子空间也有限，**尽量往高处利用，才能增加收纳空间**。例如，家里的表面放满了东西，但这只是平面放满，只能说覆盖率高。如果空间的上方没有利用好，则收纳容积率是低的，这就浪费了很多宝贵的收纳空间。

因此，我们需要**提高空间的垂直利用率。让东西上墙就是一个很好的方法**。例如：

在厨房：台面应尽量少放置物品，以避免操作时的不便。可以利用挂钩，把勺子、铲子，甚至锅具等物件挂在墙上，还可以在墙上装一个置物架，把调料等放在上面，方便炒菜时随手取用。

在玄关：洞洞板是一个很好的选择。可以把钥匙、太阳眼镜、包包等常用物品都放在这里，进出门时随手取放，既不占用更多的空间，又固定了物品的位置，让你再也不用出门前到处找钥匙了。

在客厅：一个顶天立地的大柜子，可以极好地满足全家人的收纳需求。根据整理收纳专家逯薇的统计[1]，一个长3.9米、高2.4米、深0.35米的大高柜子，能够存放相当于100个登机箱的物品。全家人70%以上的公共物品都可以放在这里，例如书籍、文具、文件、药品、收藏品等。

---

[1] 逯薇.《小家，越住越大》，中信出版集团，第144–148页。

提高空间的垂直利用率

上墙收纳

收纳工具——洞洞板

大型储物柜

> **知识点**
>
> 我们还要学会利用各种收纳工具来规划收纳空间,包括收纳板、收纳盒、收纳篮等,将分类好的物品一一对应地放入其专属的"家"(收纳空间)。
>
> 如果说功能区规划是空间的一级分类,那么收纳工具便是空间的二级分类甚至三级分类。然后,在这些收纳工具上贴好标签,就更能一目了然,方便物归原位。

法则三：设计足够好用的收纳空间

知识点

总之，我们要掌握好空间设计的三大法则，通过规划好功能区，做好空间的一级分类，使每个区域都有明确的用途；然后按照人的使用习惯和动线来规划好物品的定位，提高日常活动的效率；最后，利用收纳工具，提高空间的垂直利用率，让分类后的物品都有其对应的"家"。通过贴标签等方式，使物品的收纳变得简单和可持续。

▶整理的界限

通过掌握以上方法，我们平衡了人的需要和物品的关系，并从空间设计的角度优化了收纳空间，如果只是一个人生活，便能实现他自己当下的人、物、空间的秩序平衡。然而，在一个家庭或组织里，我们还需要结合整理的界限这一概念，以最大化兼顾每一个成员的私人需要，同时达到这个空间内所有成员的物品与整体空间的秩序平衡。

知识点

整理的界限体现在人、物、空间的方方面面：一是人与人之间的界限；二是个人物品与公用物品的界限；三是个人空间与公用空间的界限。

公用区域

丈夫的区域　　妻子的区域

（1）人与人之间的界限

整理初学者经常容易犯的错误，就是把家人的物品，例如配偶的、孩子的、老人的物品，只要自己看不顺眼的，就直接扔掉。这样做的后果，轻的是家人找不到东西导致效率低下，严重的甚至会产生家庭矛盾。我们需要记住，我们所能代表的只是我们自己。在整理物品时，是按照自己的需要来出发的，看是否满足自己需要和有用的各个层次。那么，你看不顺眼的物品，怎么能确定就是家人所不喜欢和不需要的呢？

即使是小朋友的物品，我们也需要尊重他们的选择，从小培养孩子的秩序感，让孩子自己来进行整理收纳的具体工作，而不是越俎代庖。

记得有一个这样的案例：有位家长刚开始做整理时，把她孩子用过的各种旧作业本和习题扔掉了。从家长的出发点来看，孩子长大了，这些旧的作业本和习题没用了，就该扔掉。结果孩子晚上回家发现后，大发雷霆，甚至要离家出走。经过很长时间的沟通和交流，才平息了纷争。后来我了解到，这个孩子特别喜欢数学，而这些作业本和习题都记录了他征服各种数学难题的历程，还有老师对他的嘉奖评语。每当他翻看这些作业本和习题时，他的内心就充满了斗志，它们激励着他去攻克下一个难关。但孩子很内向，从来没有把这个习惯告诉家长。可见，即使是你心爱的孩子，你以为很了解他，但也不能从你的角度来揣摩什么物品是他需要的及对他有用的。

> **知识点**
> 物品整理和选择的决定权，一定要交给物品的主人。这就是整理的人与人之间的界限。

尊重每个人对物品的独特情感和需求，不仅能避免不必要的冲突，还能培养每位家庭成员的责任感和自我管理能力。每个人都有权利决定自己的物品如何整理和保管。

（2）个人物品与公用物品的界限

前文已经提到，如果是个人物品，就由物品的主人来决定物品的去留和方便其使用的收纳位置。

> **知识点**
> 如果是公用物品，例如客厅、厨房等公共区域的公用物资，则应以让家里的多数人感到"舒服"为目标，甚至是优先满足公用物资的主要使用者的需求。

以下通过一位学员厨房物资"争夺权"的案例来阐明这一点。在这个家庭中，一日三餐主要是太太负责，有时候先生会在周末下厨帮忙。每到周末，先生下厨后都没有物归原位，导致太太再想使用相关用品时总是找不到，煮菜时手忙脚乱，因而抱怨。先生也觉得委屈，说："我的初心是为了帮你呀，还挨骂。"

对此，我们的建议是，虽然先生周末下厨很好，但**务必物归原位，哪里取的物品就请放回哪里**。如果先生真的觉得有难度，甚至可以考虑周末夫妻外出用餐，增加情趣，避免因公用物品的使用习惯不一样而导致的矛盾。**因为这些厨房的公用物品大部分时间是太太使用，那就应该把这些物品的收纳定位权让渡给太太，由太太来决定。**

（3）个人空间与公用空间的界限

> **知识点**
> 如果一个家庭要更好地进行整理收纳，就应把大空间尽量划分为个人独立使用和管理的小空间。这些小空间可以按照该成员最舒服和顺手的方式来收纳物品，体现出个性化的秩序。而实在无法划分的公用空间，可以结合家庭成员的生活习惯，经过沟通商量，巧用收纳工具，为公用空间里的公用物资设计固定的收纳位置，形成家庭成员的"整理收纳使用手册"。这样一来，每位成员使用物品后，就能物归原位，方便下一位成员再次使用。

举个简单的例子，比如电视遥控器，由于每个人用完放置的位置都不一样，一会儿放茶几上、一会儿放沙发上、一会儿放柜子上，如果没有事先规定好遥控器的收纳位置，家人要开电视的时候就要找半天。最简单的方法，其实就是在看电视的沙发上配一个专门的电视遥控器插袋，并明确告知全部家庭成员，看完电视务必把遥控器放回袋子里。这样，以后再也不用到处找遥控器了。

其他公用物品、公用空间的管理也是依此类推。**找到让全体家庭成员都能使用方便，也方便物归原位的方法，把它固定下来，这就是收纳的关键。**

> 🎯 **实践练习**
>
> 　　大家是否跃跃欲试了呢？让我们来做个练习吧：回忆一下你家人经常要找的公用物品是什么？如何巧用收纳工具，把这些物品的收纳位置固定下来，并让全家人使用后都能物归原位？列下这些可以优化的点，形成家庭的"整理收纳使用手册"。下次家人使用物品，就不再需要你协助寻找了！

通过这样的方法，每位家庭成员都会主动地参与到家庭整理中，享受整理收纳所带来的舒适与和谐。每一件物品都有了它的归宿，每一寸空间都充满了秩序，生活因此变得更加美好。

▶人、物、空间的动态平衡

明确了整理的界限，觉察自己的需要，也体恤了其他成员的需要，通过规划物品的具体收纳位置，让家庭成员在使用物品后都能物归原位，实现了家庭成员间、个人物品与公用物品、整个家庭空间的秩序平衡。

然而，这并不意味着家就能永远保持整洁不乱。现实中，唯一不变的就是变化。因此，我们需要加上时间的维度，以达到人、物、空间的动态平衡。

随着人生阶段的变化，一个人所拥有物品的数量也会发生变化。

例如，刚毕业时，往往拥有的物品较少，通常一个行李箱就能装下所有物品，走遍天下。而定居下来，结婚育子后，家里物品的数量会随之增多。

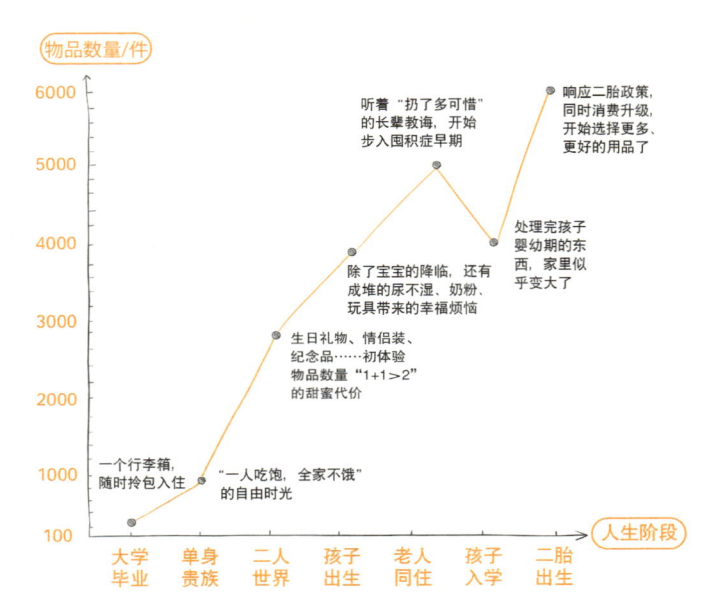

```
物品数量/件
6000 ┤                                              ● 响应二胎政策，
                                                     同时消费升级，
                                  听着"扔了多可惜"    开始选择更多、
                                  的长辈教诲，开始    更好的用品了
5000 ┤                            步入囤积症早期 ●
                                              
4000 ┤                      ●                     ● 处理完孩子
                     除了宝宝的降临，还有            婴幼期的东
                     成堆的尿不湿、奶粉、            西，家里似
3000 ┤               玩具带来的幸福烦恼              乎变大了
               ●
            生日礼物、情侣装、
            纪念品……初体验
2000 ┤      物品数量"1+1>2"
            的甜蜜代价

1000 ┤  ●     ●
      一个行李箱， "一人吃饱，全家不饿"
      随时拎包入住 的自由时光
 100 ┤                                                              人生阶段
        大学   单身   二人   孩子   老人   孩子   二胎
        毕业   贵族   世界   出生   同住   入学   出生
```

这时，我们无非有以下策略：

——遵循平衡整理的一个中心法则，把不适合现阶段"需要和有用"的物品流通掉；

——通过整理收纳的优化设计，提高空间的利用率，扩容收纳空间；

——买更大的房子，甚至是租赁额外的仓库空间，来放置那些不常用但不想断舍离的物品。

当然，我们不建议盲目买房，因为房地产是最昂贵的投资之一，最大的浪费就是空间的浪费。如果我们不能持续地扩容空间，那么，就需要控制购买欲望，精选物品，管理好物品的进出，这才是最经济的选择。

小结

　　平衡整理的三个维度其实是对人性和环境的深刻理解和尊重：尊重整理的界限，从人、物、空间的三个维度，去审视自己（或家人/公司其他成员）的需求，以及与物品和空间之间的关系；合理管控物品的进出；遵循空间收纳的三大法则，优化空间的利用率；并且按照人的成长轨迹，在物品数量发生变化时，动态调整收纳空间，从而达到人、物、空间的动态平衡。

平衡整理的三个维度

整理就是建立一种 **动态平衡**

- 人
- 物
- 空间

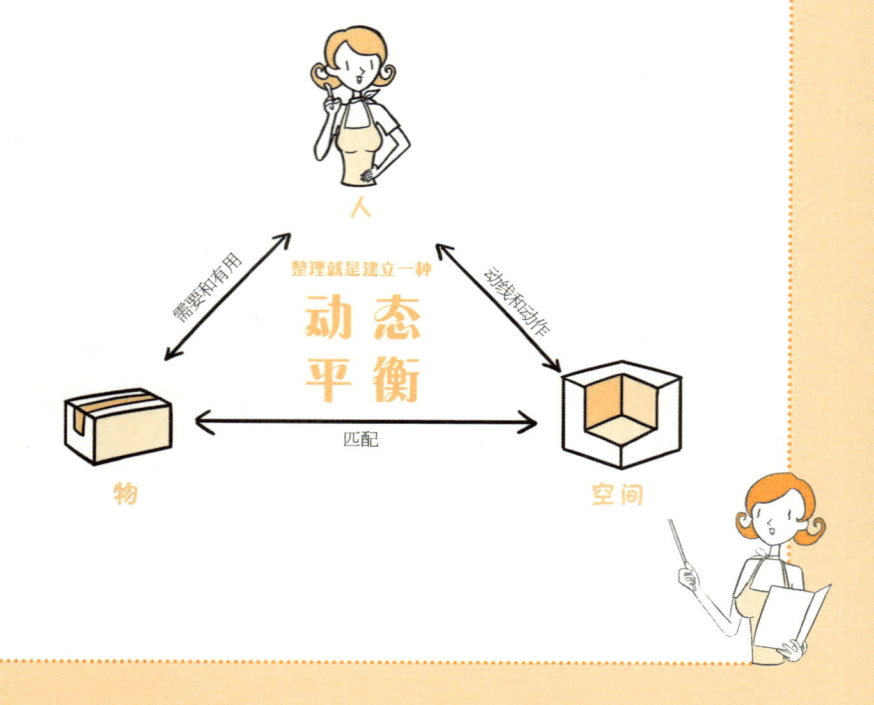

需要有用 — 动线和动作 — 匹配

04　用全观的视野来审视物品

通过平衡整理的一个中心、两个层面、三个维度，我们得以实现当下人、物、空间的动态平衡。

接下来，平衡整理的四个象限将用全观的视野，引领我们回顾过去，展望未来，审视当下是否为最优的选择。让我们一步一步地，朝着自己憧憬的梦想家园出发！

▶ 整理物品的四象限模型

平衡整理借鉴了焦点解决短程咨询（以下简称"焦点解决"）的智慧，在其四象限模型的基础上[1]，提出了平衡整理的四象限模型，包括整理物品、整理人际关系和整理内心的四象限模型。其中，整理物品的四象限模型如下。

（1）横轴：时间

横轴的左边代表过去，横轴的右边代表未来，中间位置代表现在。我们从时间的维度来分析，看看过去、现在、未来我们对物品的判断和选择的标准发生了什么变化？

（2）纵轴：价值

纵轴代表物品的价值。纵轴的上方代表有价值的物品，纵轴的下

---

[1] Haesun Moon，多伦多大学焦点解决高效教练项目总监，2019年北美的焦点解决年会。

方代表无价值的物品。

整理物品的四象限模型

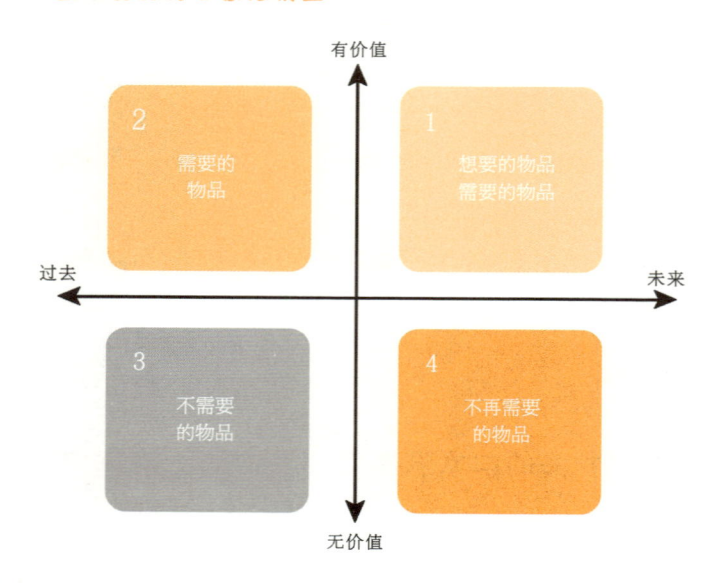

```
            有价值
             ↑
   2         |         1
 需要的      |      想要的物品
 物品        |      需要的物品
             |
过去 ←───────┼───────→ 未来
             |
   3         |         4
 不需要      |      不再需要
 的物品      |      的物品
             |
             ↓
            无价值
```

知识点

整理物品的四象限模型其实是一个分类的思维工具。我们可以通过这个工具来全面审视和整理我们的物品。

象限二（过去和当下有价值的物品）

首先，我们把过去和当下积累在身边的物品进行分类，把那些必要的和有价值的物品归类到第二象限，这些是"需要的物品"。

象限三（过去和当下无价值的物品）

那些对我们没有价值的、不需要的物品，把它们归类到第三象限。要把它们流通起来，让这些物品在新的主人那里发挥其价值。

象限一（未来有价值的物品）

想象未来，除了目前象限二的物品，我们还希望拥有什么物品？那些我们真正希望拥有，我们也愿意付诸努力，甚至能成为人生奋斗的原动力的物品，我们把它们归到第一象限。

象限四（未来无价值的物品）

我们还需要思考，将来我们拥有的物品类别，与当下象限二拥有的物品类别会有什么不同？往往随着时间的变化，我们内心真正想要的、需要的物品也会发生变化。那些不再需要的物品，把它们归到第四象限。

通过这样的分析和分类，我们可以清晰地看见自己所拥有的物品，以及它们在不同时间段的价值，从而更好地规划和调整自己的物品清单，确保每一件物品都在为生活增添价值。这不仅是对物品的整理，更是对自己生活方式和未来愿景的重新审视与规划。

例如，在平衡整理之理物篇第一小节"物品不同需求层次的分类表"中所列举的家庭常见物品，只要它们能满足我们不同层次的需要，并且有价值，就把它们归类在象限二。这些是我们现阶段需要且有价值的物品，是不可或缺的。

而那些在平衡整理之理物篇第二小节中列举的符合"出"（OUT）标准的物品，则将它们归类在象限三。这些是已经不再需要、无用的物品。通过流通或舍弃它们，我们不仅释放了空间，也减轻了生活中的负担。

再比如，刚毕业的学生，可能希望拥有一套自己的住宅。这种未来想要的和需要的物品，我们将它归入象限一。这是对未来的期许，是我们愿意为之努力奋斗的目标。

年轻时人们可能喜欢买很多衣服。随着年龄的增长，人们更喜欢独处，享受书本带来的宁静，一本书一杯茶的生活就怡然自得了。那么在当下，衣服归类在象限二；但在未来，多余的衣服会归类在象限四，因为这些衣服不再是需要的物品，不符合未来的需求。

整理物品的四象限模型示例

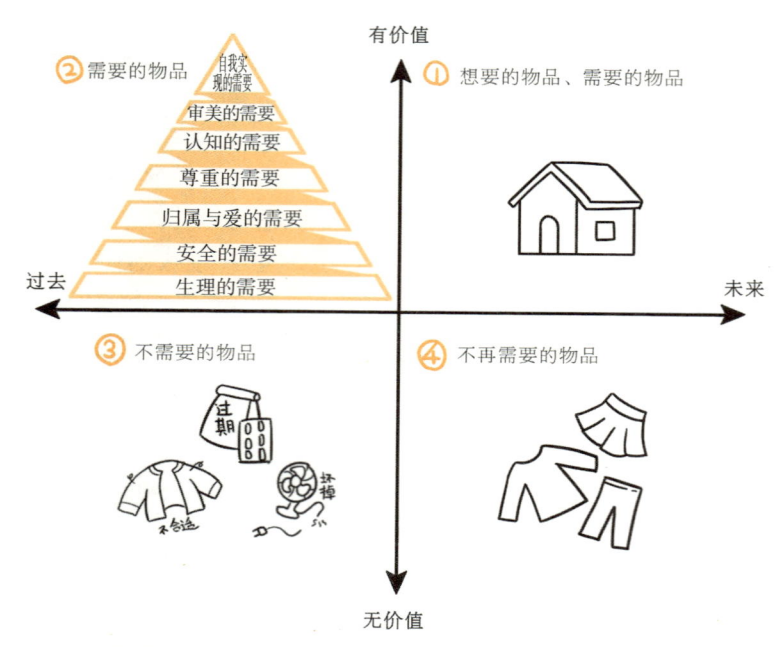

```
                         有价值
                          ↑
  ② 需要的物品              │  ① 想要的物品、需要的物品
    ┌自我实现的需要┐         │
    ┌─审美的需要──┐         │
    ┌──认知的需要──┐        │
    ┌──尊重的需要───┐       │
    ┌─归属与爱的需要─┐      │
    ┌──安全的需要────┐     │
    ┌──生理的需要─────┐    │
  过去─────────────────────┼─────────────────→ 未来
                          │
  ③ 不需要的物品           │  ④ 不再需要的物品
                          │
                          ↓
                         无价值
```

整理是一个动态的过程，随着时间的变化，人的需求——"一个中心"也会变化。我们需要随时审视和处理周边的物品，让物品的种类和数量与当下的需求相匹配。

值得提醒的是，当我们利用平衡整理的四象限模型这一分类的思维工具时，最好利用冥想的方法，才能触达自己的潜意识，真正察觉到自己的需求。在接下来的内容中，我会详细介绍具体的冥想方法。

> 🎯 **实践练习**
>
> 让我们带着这种全观的视野，用整理物品的四象限模型，与我们的物品对话吧！请你按照自己的实际情况，完成以下分类图。思考你现阶段所拥有的物品属于哪个象限，哪些物品需要流通出去，未来希望拥有什么物品，又有哪些物品在未来可能不再需要。

我们来看看学员 A 君的答案，通过整理物品的四象限模型，洞察这些物品及她的选择背后的深意。

整理物品的四象限模型示例

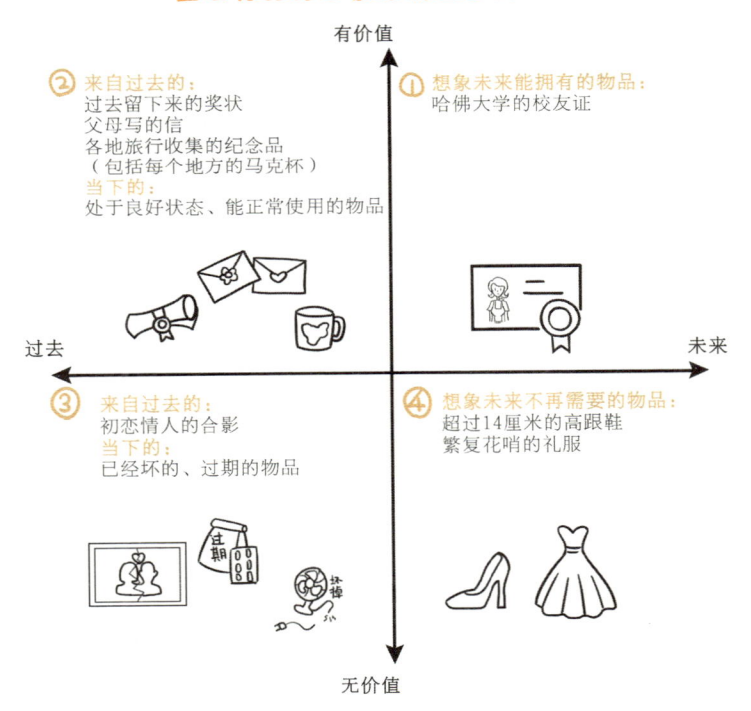

② 来自过去的：
过去留下来的奖状
父母写的信
各地旅行收集的纪念品
（包括每个地方的马克杯）
当下的：
处于良好状态、能正常使用的物品

① 想象未来能拥有的物品：
哈佛大学的校友证

③ 来自过去的：
初恋情人的合影
当下的：
已经坏的、过期的物品

④ 想象未来不再需要的物品：
超过14厘米的高跟鞋
繁复花哨的礼服

象限二（需要的物品）

◆ 来自过去的：过去留下来的奖状、父母写的信、各地旅行收集的纪念品（包括每个地方的马克杯）。

◆ 当下的：处于良好状态、能正常使用的物品。

象限三（不需要的物品）

◆ 来自过去的：初恋情人的合影。

◆ 当下的：已经坏的、过期的物品。

象限一（想象未来希望拥有的物品）

◆ 哈佛大学的校友证。

象限四（想象未来不再需要的物品）

◆ 超过14厘米的高跟鞋；繁复花哨的礼服。

A君是一位事业有成的中年女性，特别喜欢旅游，也热衷于学习，参加了很多培训课程。我看着A君画出的四象限模型，留意到她湿润的眼眶，显然通过这样的练习，她回顾了过去，感动了自己。

A君是独生女，年轻时在遥远的地方读大学。最开心的事情就是等候父母每周写给她的信。这些信是父母对她爱的印证，她都保存得好好的。她从小学习成绩很好，所以各种奖状很多，似乎这也见证了她的成长，她也希望保存好。她最喜欢的休闲方式是旅游，每到一个地方，她都会买当地的马克杯。她家里几面墙上的架子放满了马克杯。每当闲暇时，看着这些杯子，她就会回想起旅游时快乐的时光。所以除了当下日常在用的物品以外，她把这些过去留下的有意义的物品也归类在象限二。

象限三除了包括她要扔掉的当下已经坏了、不合适的物品外，她一直想扔掉但至今尚未扔掉的是她和初恋男友的合影。显然那是一段不太开心的记忆。与其背负这种不开心的记忆，不如大步向前，她选择了放下。于是，她把这位初恋男友的合影也归类在象限三。

A君特别爱学习，哈佛大学是她的梦想校园。虽然她仍在拼命忙事业，可她对我说，"哪天我退休了，我就要重返校园，做哈佛的学生"。哈佛大学的校友证成了她的梦想物品，她把它归类在象限一。我说："为什么不现在就做呢？清晰地知道了自己的梦想，就可以一小步一小步地行动起来呢！"在我的鼓励下，A君并没有等到退休，而是马上报读了哈佛大学的高级管理课程，圆了她在哈佛当学生的梦！

　　A君把超过14厘米的高跟鞋、繁复花哨的礼服归类在象限四。她充满感激地对我说，通过这个四象限的练习，她再次认识了自己。接下来的人生，她要为自己真实的需要而活，而不是为了别人的赞美而活。我真心地为她那通透的生活方式鼓掌！

小结

通过整理物品的四象限模型,我们以全观的视野,构建出时间与价值维度的思维判断方式。这不仅是外在对物品的整理,更是对自我与生命的深刻洞察。

我们能够从过去存留下来的物品中,觉察到自己的价值观,感悟到那些曾经的重要时刻和心灵的寄托;活在当下,只保留那些对自己仍有价值的物品,将无用之物流通起来,使得每一个当下都充满意义和秩序。更为重要的是,我们能够想象未来之需,将梦想、目标与当下的行动紧密结合,让自己朝着梦想的生活,每天前进一小步。

05 五步让你的物品不再凌乱

再多的理论，若不付诸实践，也不过是空谈。让我们携手并肩，运用平衡整理的五个步骤，动手整理收纳吧！

整理物品的五个步骤依次是：**定目标、去分类、做选择、去收纳、保持动态平衡**。下面具体解释每一步骤的精髓。

平衡整理——

物品整理的五个步骤

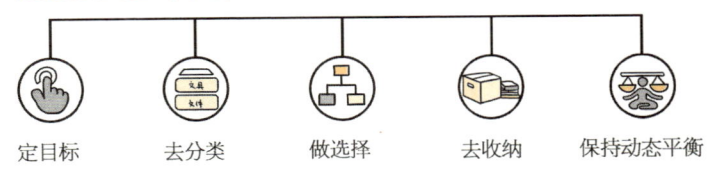

定目标　　去分类　　做选择　　去收纳　　保持动态平衡

▶定目标

《礼记·中庸》有言"凡事预则立，不预则废"。开始整理物品前，首先要制订整理的目标。**整理物品的目标应明确为具体的整理空间**（请见下文备注*）**、拟完成的时间和是否需要协助整理的人员。**

以整理需求最大的衣橱为例，很多女性都有这样的烦恼，面对整柜的衣橱，却没有合适可穿的衣服。那么，整理的目标可以设定为"我自己在一天内把衣橱空间整理收纳完毕"。

如果你是一名整理新手，建议从易到难，可以从整理书桌，甚至是整理某个抽屉开始。这样循序渐进，才能建立对整理的兴趣。

备注*：

注意，如果整理某空间的物品时，需要把存放在家中其他位置的同类/同样的物品合并处理。具体请参照"去分类"的内容。

整理的目标也可按照物品的类别来制订，以服饰类举例，整理的目标可以定为具体的物品（例如衣服、配饰、包包、鞋子）、拟完成的时间和是否需要协助整理的人员。

➤ 去分类

（1）分类是一门认知科学

确定整理物品的目标后（这里以衣橱为例），**要把衣橱里的全部衣服清空，平铺放在地上。注意，即使整理物品的目标是整理衣橱，我们也不能仅处理衣橱里的衣服，而是需要把存放在其他区域的衣服集中放在一起处理，比如说放在玄关、卧室的衣服也要一同集中处理。**

> **知识点**
>
> 把家里的同类/同样的物品集中起来，同类项合并，才能全面地看到某类/某种物品是否过剩。

分类是整理中非常重要的一个步骤，它是人类认知世界的重要方法。 通过分类，我们才能注意事物并记住它们，从而用最少的精力去解码更多的信息。❶

> **知识点**
>
> 通过分类把具有相同性质的物品放在一起，再加上标签、固定收纳位置等外化的方法，就能最大程度地减少大脑的海马体用空间记忆来搜索的时间，从而最快地找到物品。❷

---

❶❷ 丹尼尔·列维汀.《有序：关于心智效率的认知科学》，中信出版集团。

去分类

关键词：无序变有序

⭐ 分类的思维方式，其实就是培养你的逻辑思维；
⭐ 分类思维就是把具有相同性质的东西放到一起，然后给它们起个名字，这样所有无序的东西就能变得有序。

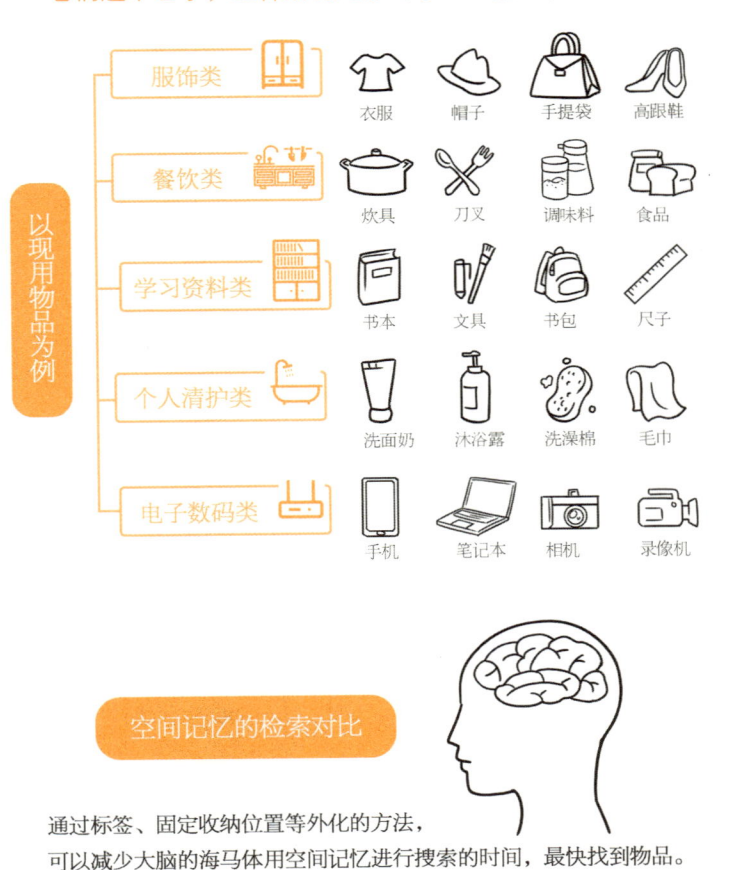

以现用物品为例

- 服饰类：衣服、帽子、手提袋、高跟鞋
- 餐饮类：炊具、刀叉、调味料、食品
- 学习资料类：书本、文具、书包、尺子
- 个人清护类：洗面奶、沐浴露、洗澡棉、毛巾
- 电子数码类：手机、笔记本、相机、录像机

空间记忆的检索对比

通过标签、固定收纳位置等外化的方法，可以减少大脑的海马体用空间记忆进行搜索的时间，最快找到物品。

> **知识点**
>
> 分类的思维方式不仅能锻炼我们的逻辑思维，还能在处理物品时锤炼我们的决断力。通过整理收纳的分类作业，我们逐步习得果断筛选、排序和做选择的习惯。这不仅让我们在物品整理中游刃有余，更提升了我们在处理各种事务时的效能。

（2）擅用思维导图

这里推荐一个很好用的分类工具——**思维导图**。

以衣橱为例，**首先按照使用的对象进行一级分类：男主人、女主人和孩子**。我们把衣橱里的衣服清出来（注意把存放在其他区域的同类/同样的衣服也合并处理），**然后按照一级分类进行归集，把属于男主人、女主人和孩子的衣物各自集中，分开放置。**

接下来，**按照衣橱的功能区做二级分类：长衣区、短衣区、叠衣区、抽屉区、换季区。**

> **知识点**
>
> 一般来说，裙子、裤子、外套、上衣（毛衣除外）建议挂起来：长的外套和裙子分类放置到长衣区，短的外套、上衣、裤子则放置到短衣区（裤子也可放置在挂裤区）；
>
> 常见的叠衣区的物品包括T恤衫，毛衣不宜挂起来，也放在叠衣区；
>
> 抽屉区则一般放置内衣、内裤、皮带、丝巾等装饰物品；
>
> 能叠放的非当季衣服则归类到换季区。

三级分类可以按照颜色来进行，将同类颜色的衣物合并放在一起，方便日后取用。

去分类

衣橱的一级分类、二级分类、三级分类思维导图

衣橱分类

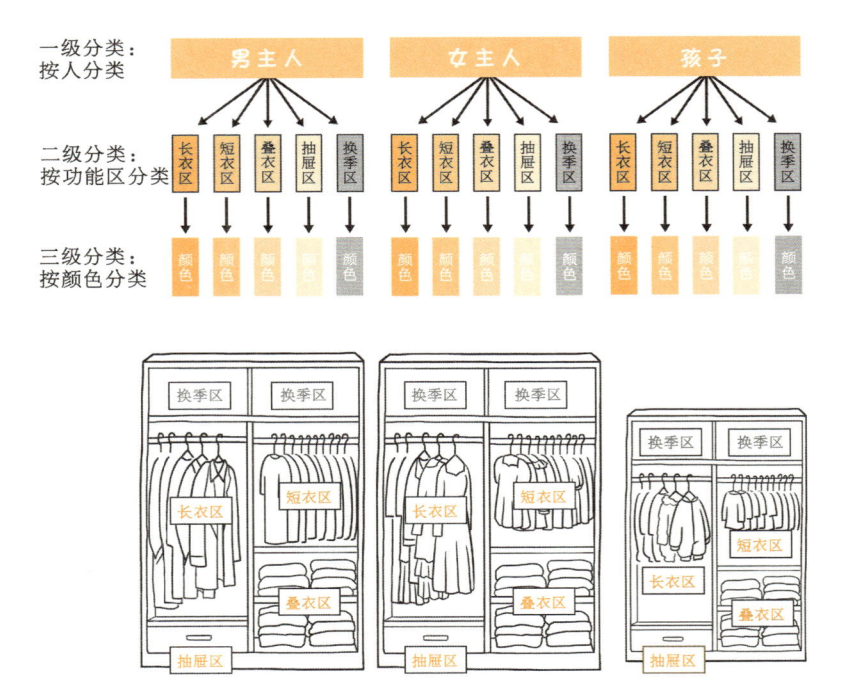

一级分类：按人分类　　男主人　　　女主人　　　孩子

二级分类：按功能区分类　　长衣区　短衣区　叠衣区　抽屉区　换季区

三级分类：按颜色分类　　颜色

记得之前的作业吗？当我问你家里所拥有的物品数量时，你是否能准确回答呢？即使随便写个数，也是拍脑袋想出来的。那么，当我们一边整理物品，一边利用思维导图，把每个分类区的物品数量记录下来时，每个区域的物品种类和数量，你就能心中有数、一目了然了。

以我自己为例，原来我存放衣服的位置有点分散，没有把衣服集

中在一个衣帽间里，因此并没有意识到自己购物的重复性。我比较喜欢买红色的衣服，因为穿红色的衣服比较适合我的肤色，而且我比较偷懒，喜欢穿连衣裙，不需要搭配。因此，每次购物时，我总会把好看一点的红裙子买回来。当我整理并把同类衣服合并时才发现，我竟然有二十多条红裙子，甚至有些红裙子的款式差异非常小。事实上，一旦你把同类物品合并，视觉上就能发现哪类物品过多了。现在我把衣服都拍了照，然后用App做成电子衣橱，买衣服前都先看看已有的款式，太雷同的就控制不买了。

如果我们没有进行"去分类"这个步骤，可能连自己有多少衣服也不太清楚。而分类后，**当发现自己某种类别的衣服过多时，就知道需要淘汰或至少以后少买了；而对于某一类别或某种特定场合的衣服若有所欠缺，则可以做个购置清单，来完善衣橱的配置**。通过这样的方式，我们不仅能清楚地了解自己拥有的物品数量，还能更合理地管理自己的物品，避免重复购买和不必要的浪费。

▶做选择

（1）满足当下"需要和有用"的标准

做好分类后，进一步地，我们可以按照平衡整理的一个中心法则，问自己：这件物品是否还是我所需要的？是否还对我有用？这个"需要和有用"的判断标准，应该放在当下。例如，那些已经不再适合穿的衣服——非要减肥5公斤才穿得下的衣服，建议果断断舍离；又或者那些买回来就再没碰过的衣服，如果已经放在衣橱里超过一年，建议不要再找借口，以为自己以后还会穿。这些衣服一直不穿，往往只有两种原因：穿起来不好看，或者没有合适的场合。如果你觉得一年的时间太短，可以把时间延长到两年，甚至三年。如果三年你都没穿过的衣服，代表它们真的不是你所需要的物品了。

> **知识点**
>
> 整理不仅仅是分类的学问，更是选择的艺术。选择那些你需要且对你有用的物品，把那些无用的、不需要的、不喜欢的都流通出去。这样我们才能腾出空间，配置我们真正喜欢的物品。而那些被流通掉的物品，也才能发挥剩余价值，找到它们新的主人，以物尽其用。
>
> 通过整理物品，我们锻炼了决策的能力。人生，不也是一个无数次选择的过程吗？每个人的人生，正是由每一次的选择和决策所织就的路径。

（2）决策机制

整理的决策机制可以分为理性和感性两种方式，我们可以选择更适合自己的方式，平衡使用。

理性的决策机制

我是偏理性思维的人，所以在整理物品时，会从物品的"需要和有用"这个判断标准出发，做选择题。

留下：满足各个需要层次的物品；

舍弃：不满足"需要和有用"标准的物品；

暂时存放：对于那些还有点犹豫的物品，可以放在一个暂时存放的区域，等过一段时间，再观察这些物品是否被使用。一般建议，如果过了一年，这些物品还没有被使用，就可以舍弃了。

感性的决策机制

如果你是一个偏感性的人，对于什么是满足自己"需要和有用"标准的物品，很难判断。那么，建议你可以尝试近藤麻理惠老师的"怦然心动的决策标准"，也就是按照心动的标准来选择身边的物品。

> **知识点**
> 每件物品本身都蕴含着情绪的烙印，它们不仅投射了你当时购买的动机，还记录了你使用时所经历的种种状况。这些情绪，如同隐秘的DNA，悄然在物品身上留下了痕迹。物品不仅是物质，更是内心世界的折射，承载着你情感的轨迹和生命的印记。

当我们真的花时间静下心来，与物品对话，才能回忆起当年的美好。这件美好的物品，不应该被束之高阁，而应该放置在显眼的位置。又或者，某件物品让我们背负着压力，甚至痛苦，那么我们应该勇敢地舍弃它。当我们勇于舍弃这件物品时，身上背负的痛苦情绪仿佛也会被真正放下，我们会觉得一身轻松。

让我们按照适合自己的方式去选择吧！但不能逃避，不能通过把物品乱塞到角落里，企图掩盖事实。如果物品依然存在而没有被舍弃，那么这些物品背后所反映的情绪，也只是被压在了潜意识里，并没有真正被放下。

> **知识点**
> 我们必须真正勇敢地直面自己，借助整理物品，梳理物品背后深藏的情绪。正是这种面对困难而不逃避的选择，才能让我们不断地成长！

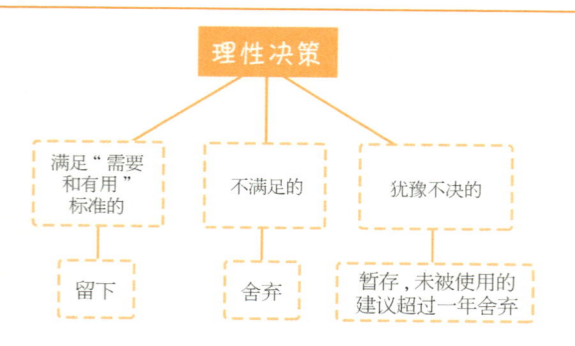

```
                    理性决策
        ┌──────────────┼──────────────┐
   满足"需要          不满足的       犹豫不决的
   和有用"
    标准的
        │              │              │
       留下           舍弃      暂存，未被使用的
                               建议超过一年舍弃
```

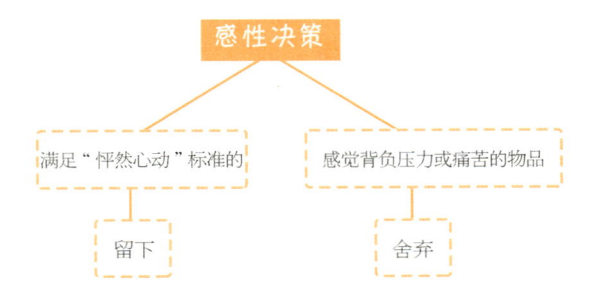

```
                    感性决策
                   /        \
      满足"怦然心动"标准的   感觉背负压力或痛苦的物品
              |                    |
            留下                  舍弃
```

➤ 去收纳

整理物品的第四个步骤是收纳。收纳是有技巧的。

首先，要结合前面内容所提及的"空间设计三大法则"，来提高空间的收纳利用率，包括规划好功能区、考虑人的使用动线和动作、设计足够好用的收纳空间。

然后，**要善于运用收纳法则。**

整理生活学院提出了"PUT法则"："PUT"这个英文单词本身有收纳的意思，同时"PUT"也是三个英文单词 Positioning(定位)、Up-right(垂直)、Transparency(透明)首字母的缩写。掌握了"PUT"法则，相当于掌握了收纳技巧的精华。下面逐一详细介绍。

去收纳

Positioning 定位法则	Up-right 垂直法则	Transparency 透明法则
多次细分 同类集中 确定位置 / 考虑动线和动作，按人划分空间	空间规划 / 垂直收纳	去除包装 合理暴露 / 一目了然

◆ Positioning（定位法则）

知识点

定位法则意味着要给每一件物品找到一个对应的"家"。定位前的第一步是将家中的功能区规划妥当，依据使用者物品的具体情况来设计收纳空间，做好空间的大分类。

然后，进行更为细致的物品分类，将同类物品集中收纳。通过利用收纳工具，进行空间的二次乃至三次分类，把物品的收纳位置固定下来。利用贴标签等方式，将这种定位外显化，使每个家庭成员在需要使用物品时，都能最高效地找到物品，也方便在使用后将其物归原位。

在定位前，需要考虑动线的因素，按照人的动线来确定物品的归置空间。而且，在设计收纳位置时，也要注意尽量减少收纳动作，才能方便还原。

记住，**收纳的重要原则就是容易还原**。其实，家里的收纳步骤，跟工厂的精益步骤，原理都是一样的。节约每一个步骤，累计起来节约的时间总和就是宝贵的财富。举例来说，为什么说要把常用衣服尽量挂起来，因为挂的方式是最节约时间的。取一件衣服，可能只需要两个动作：打开衣橱柜门，把衣服取下衣架。如果你把衣服放在收纳盒里，那么取一件衣服时，至少需要三个动作：打开衣橱柜门，打开收纳盒，把衣服拿出来。而如果没有存放在收纳盒中，衣服只是随意叠放在衣柜里，那么取一件衣服甚至会导致其他衣物的坍塌，整个衣柜会变得乱糟糟。此外，洗衣服后，存放折叠衣物的动作，也要比挂衣服浪费三倍以上的时间。

定位时还要注意，如果是家庭公用的物品，需要考虑家庭成员的共同使用习惯，来决定物品的最佳定位。

◆ Up-right（垂直法则）

> 知识点
> 垂直法则指尽量垂直地收纳物品，以最大化地利用空间。

对于一些不适合悬挂收纳的物品，我们可以巧妙地利用收纳工具，使这些物品能够被垂直放置。例如，利用叠衣板，将衣服像一本本书那样叠好，再利用收纳盒和层架，就能有效利用垂直空间，避免找衣服时的坍塌现象。

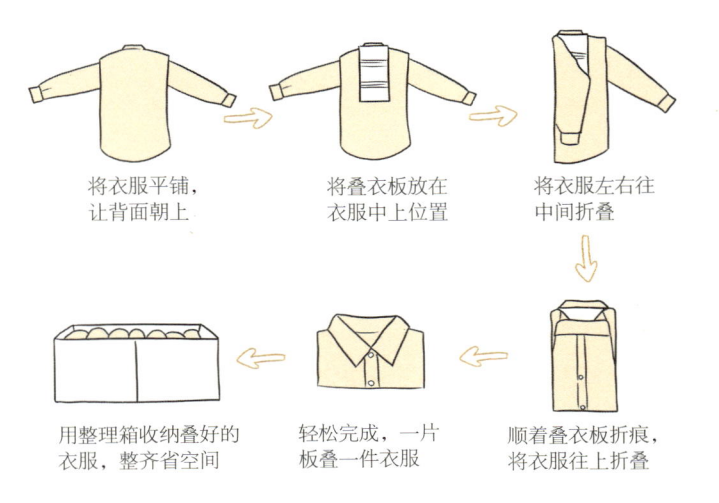

将衣服平铺，让背面朝上

将叠衣板放在衣服中上位置

将衣服左右往中间折叠

用整理箱收纳叠好的衣服，整齐省空间

轻松完成，一片板叠一件衣服

顺着叠衣板折痕，将衣服往上折叠

整理工具

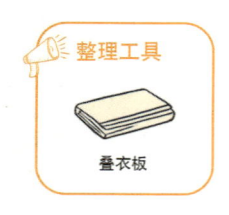

叠衣板

◆ Transparency（透明法则）

透明法则也是收纳的关键。使用透明的收纳容器，可以让整个空间显得更加整洁。当我们在外面购买物品后，建议把包装去掉，然后把物品放置在透明的收纳容器中。

透明法则尤其适用于冰箱收纳，透明容器可以清晰地显示容器里面的内容，提醒在食物变质前将其食用完毕。换季的衣服也建议放在有透明窗的收纳箱中，这样可以肉眼看到里面的衣物，不用翻箱倒柜地找东西。

知识点

收纳是一门艺术，需要巧妙地结合人、物、空间的特征，选择适合自己的收纳用品。依循生活的动线和动作习惯，将物品分类放置在最适合的区域，才能获得收纳的最佳效果。

▶ 保持动态平衡

整理物品的第五步是保持动态平衡。回顾平衡整理的"三个维度"，其核心就是保持人、物、空间的动态平衡。为什么说是动态平衡？因为世间万事万物都是不断变化的。人在变化，物品在变化，空间也在变化。任何一个层面的变化，都需要我们调整其他层面，以适应这个变化，达到整体最舒适的状态。

例如，**女性在不同时期的穿着打扮风格会有所不同，其衣物也需要适时跟着改变**：将不再适合自己风格的或过时款式的衣物处理掉；及时调整衣物的穿搭方案，必要时更新单品。与此同时，衣橱空间也需要随着衣物的变化做一定的调整，例如调整挂衣区和叠衣区的空间比例。也就是说，**随着时间的迁移，人的变化会导致物品和空间也需要进行相应的调整**。

再举个例子，随着一个人年龄的增长，其物品可能越来越多。从单身青年到结婚育子，其物品的数量可能会翻倍。这时候，确实需要调整居住空间的面积，以适应这种变化。**这属于空间的调整，来适应人对物品增加需求的变化。**

另一个例子是，虽然家庭成员数量没有变化，但人的物质欲望如果无止境，每到各种电商活动日就会购买一堆物品。这些只是为了贪便宜而购置的物品，往往不一定是自己真正需要的；或者囤积物品的数量过多，超过了一定安全周期的储备量，导致空间内物品太多，显得乱糟糟。因此，**当空间已经太满时，我们应该遵循一进一出的法则**。例如，每添置一件衣服时，确保同时淘汰一件已经不再喜欢的衣服。这样，有限的空间内，人和物品才能继续保持"呼吸"，而空间才不会被过多的物品吞噬掉。

> **知识点**
> 确保人生的每一个阶段，周遭的物品都是你所需、对你有价值之物，且符合此空间之容纳能力。这种动态平衡，正是最为舒适的状态。

总结一下，整理物品的五个步骤就是定目标、去分类、做选择、

去收纳、保持动态平衡。

> 🎯 **实践练习**
>
> 　　看到这里，大家可以合上书，开始你的物品整理实践吧！
>
> 　　请先从小目标开始，例如今天只整理一个小抽屉，明天整理衣橱，做着做着，说不定你会上瘾的。
>
> 　　因为整理物品不仅仅是简单的家务活，它是一场与物品的对话，是一次窥见自身真实需求的过程。通过整理，你将更深刻地洞察自己的需求，进一步了解真正的自我，从而在未来做出更契合自我本质的选择。

小结

在理物篇中，我们对如何通过整理物品来实现人、物、空间的和谐共处进行了深刻探讨。从设立目标到分类，从做出选择到收纳，再到保持动态平衡，我们通过整理物品，重塑了自己与物质世界的关系。

通过平衡整理，我们学会了从繁杂的物品中提炼出自己真正需要和有用的事物，掌握了"需要和有用"这一核心标准，从而去伪存真。我们不再被物质所累，而是学会了主动选择，让物品真正服务于我们的生活。

在这一过程中，我们通过与物品对话，看清它们背后的情感与价值，勇敢地舍弃那些负担和束缚。我们不再是物品的奴隶，而是物品的主人，重新定义物品在我们生活中的角色。

通过平衡整理，我们在物质世界中不断觉察自己的需求，了解自己的内心，学会做出更符合自己价值观和生活方式的选择。我们不仅仅是在整理收纳，更是在构建一个与内心契合的生活环境，为理人、理心打下坚实的基础。

让我们一同迈入平衡整理的理人、理心篇，探寻更深层次的和谐与平衡，走向更加美好和幸福的人生吧！

4

在「理人、理心」中运用平衡整理法则

与平衡整理的理物篇一样，平衡整理的理人、理心篇的法则同样从一个中心、两个层面、三个维度、四个象限及五个步骤逐层深入，探讨如何通过深刻的自我洞察，来明确适合自己的状态，从而做到人、事、时间的动态平衡。

接下来，让我们一同逐一深入探讨这五步法则。

01 通过整理的灵性之光，看见"冰山"下的自己

▶ "需要和有用"

平衡整理理人、理心的一个中心法则，依然提倡首先要了解自己，把"需要和有用"作为判断和选择的标准。

这个标准不仅适用于物品，也适用于我们每天需要处理的各种事情、各种人际关系。每个人的时间都是有限的，一个人一辈子大概率只有三万天的时间，在精力有限的情况下，我们需要做减法，把时间留给最重要的人、事、物，活出你想要过的人生。

"需要和有用"的标准是动态变化的，要根据人在不同时期不同需要的重要性来进行排序，因地制宜地做出决策。

值得注意的是，理人、理心的"有用"与理物的"有用"并不完全相同。

知识点

理物的"有用"更多是指某件物品的功能、外形等能满足你不同层次的需求,而非纯粹满足欲望。而理人、理心的"有用"则更为深刻,它指的是你做某件事、与某人交往时,能否创造真正的"价值",或你是否从心底里"喜欢"这样做。

平衡整理的一个中心
理人、理心篇

- 自我实现的需要
- 审美的需要
- 认知的需要
- 尊重的需要
- 归属与爱的需要
- 安全的需要
- 生理的需要

需要 ⇄ 有用

有用 – 能创造价值
– 自己喜欢的人或事

为了帮助读者梳理和理解,我继续通过马斯洛需求层次理论,把常见的事情分了类,并给出了"自我整理"的建议,供大家参考。

事情类型与自我整理建议表

事情类型	特性	满足需求的层次	自我整理建议
工作——从事你喜欢的工作,能让你发挥价值,让你成长、有成就感	有价值;喜欢	生理的需要、安全的需要及自我实现的需要	保持,并继续强化你的优势

续表

事情类型	特性	满足需求的层次	自我整理建议
工作—— 你并不喜欢的工作，但为了"养家糊口"，不得不继续	无价值（个人成长层面）、有价值（经济层面）； 不喜欢	生理的需要、安全的需要	对于完全没有创造价值的工作，可以考虑换岗、换工作，去做那些你喜欢的、能帮助发挥你价值的工作； 工作本身虽然不能让你增值，但能从经济上帮助你，所以依然算"有价值"。如果暂时找不到你喜欢的工作，建议继续保持该工作并培养自己的能力、积累自己的资源，从而在恰当的时机更换更适合的工作
家庭—— 照顾孩子、关爱长辈等	有价值； 喜欢或不喜欢	归属与爱的需要	老吾老以及人之老，幼吾幼以及人之幼，这是中国人基因里的儒家精神，是一种责任，需要去做； 如果某些责任自己特别不愿意（不喜欢）去履行，可以试着与家人沟通，看有没有替代的方式。但须注意不能只从自己"小我"的需求出发，也应站在对方的角度上，为家人考虑
家庭—— 家务清洁、整理物品、做饭等家务劳动	有价值； 喜欢或不喜欢	生理的需要	如果喜欢家务劳动的，就尽情享受吧； 如果不喜欢家务劳动，有经济能力的，建议可以考虑增加外援，或多配备智能的工具（例如扫地机器人）来协助整理； 如果不喜欢家务劳动且经济能力一般，建议与家人沟通，分担家务劳动。孩子从小也应该形成做家务的习惯，培养其责任感

续表

事情类型	特性	满足需求的层次	自我整理建议
休闲活动——看电视/电影、运动、唱歌、跳舞、美容、旅游等	有价值（放松缓压、关系层面）、无价值（个人成长层面）；喜欢	生理的需要；归属与爱的需要	一定的休闲活动可以放松身心，减轻压力。但需要注意时间的分配，适可而止；有条件的情况下，鼓励定期安排家庭旅游，对增进家庭关系很有帮助
娱乐活动——聚餐、社交团体活动、集体旅行等	有价值（放松缓压、关系层面）、无价值（个人成长层面）；喜欢或不喜欢	生理的需要；归属与爱的需要	如果喜欢娱乐活动，就享受吧，一定的娱乐活动可以放松身心，减轻压力。但需要注意时间的分配，适可而止；如果是应酬性的社交娱乐活动，属于工作内容，请参考之前工作类别的建议；如果只是纯粹的社交，建议舍弃不喜欢、无价值的社交娱乐活动
学习——看书、线上培训、线下培训、企业参访等各种活动	有价值（个人成长层面）或无价值；喜欢或不喜欢	认知的需要；归属与爱的需要	信息时代，不是所有的学习都有价值，建议按有价值和喜欢的程度来排序，做出选择；即使表面无价值的学习，只要你真正喜欢，就继续坚持吧。按照一万小时定律，只要你真心喜欢，付出一定的时间和精力，就会创造价值
个人爱好——那些会给你带来心流体验的活动，例如绘画	有价值；喜欢	自我实现的需要	能钻研个人爱好，甚至能成为某个领域的专家，帮助更多该领域的人，请继续发扬；即使看起来"无价值，只是消磨时间"，只要你心生喜欢就好！这对于自我来说就是一种价值

续表

事情类型	特性	满足需求的层次	自我整理建议
公益活动——例如捐赠、绿色环保活动（包括整理后把物品流通给有需要的人）	有价值	超越的需求*	福来者福往，爱出者爱返。建议先独善其身、修身齐家，然后等有能力了则发光发热，去帮助更多的人；地球母亲需要我们从点滴做起，保护好环境。整理物品、减少购物就是其中一个重要的环保行为

备注*：马斯洛需求层次理论后续扩大到八个层次，其中"超越的需求"指已经超越了个人层次的需求，包括认识和关注宇宙、关注宗教、哲学思考、人类命运和世界和平等。

这个表格仅供大家参考，**每个人在时间、精力、金钱等方面都有各自的制约条件，我们应该对需求进行排序和优化，最终做出最适合自己的选择。**

> **知识点**
>
> 平衡整理的一个中心法则在于选择那些能够创造价值、让我们心生喜悦的事情，同时远离那些无法带来价值、无法让我们快乐的人和事。通过这样的选择，我们的每一个举动都能为周围的人带来更多幸福。犹如一盏灯，不仅照亮自己，也能照亮他人。那么，心之所向，身之所往，便是我们最好的选择。

▶以家里物品为沙盘，窥见冰山之下的真实自我

或许有读者会质疑，怎么可能把整理人生中的人和事都浓缩到一张表格呢？毕竟，我们每天面对形形色色的人和事，很多时候，表

面的现象并不能反映事情的本质,甚至连我们自己都不清楚某件事是否有价值,或者自己是否真心喜欢。

确实如此。正如萨提亚家庭治疗模式的冰山理论所揭示的[1],一个人的"自我"就像一座冰山,我们能看到的只是冰山表面很少的一部分——行为和语言(包括肢体语言),而更大的一部分内在世界隐藏在冰山之下,既不为外界所见,甚至也不为自己所知。

萨提亚家庭治疗模式的冰山理论

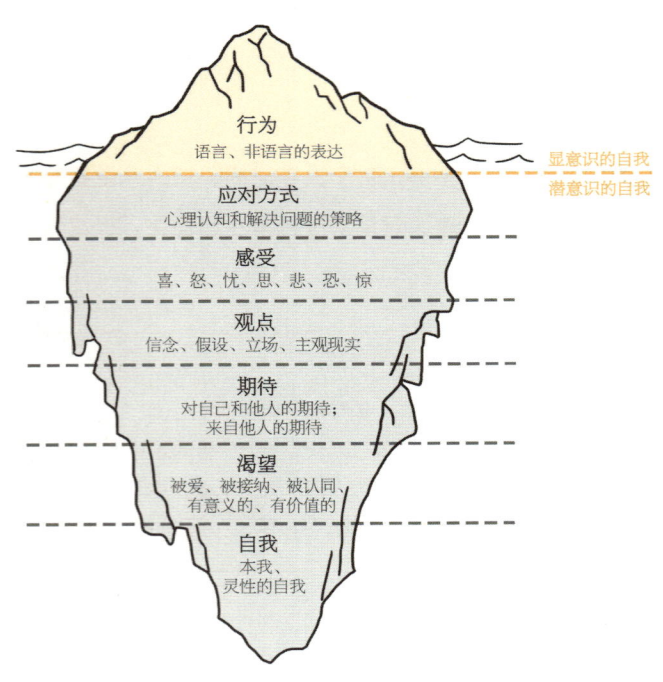

行为
语言、非语言的表达

显意识的自我
潜意识的自我

应对方式
心理认知和解决问题的策略

感受
喜、怒、忧、思、悲、恐、惊

观点
信念、假设、立场、主观现实

期待
对自己和他人的期待;
来自他人的期待

渴望
被爱、被接纳、被认同、
有意义的、有价值的

自我
本我、
灵性的自我

本图参考了图书《萨提亚深层沟通力》
(作者:李崇建、曹敬唯,湖南文艺出版社)

---

[1] 李崇建、曹敬唯.《萨提亚深层沟通力》,湖南文艺出版社。

> **知识点**
>
> 早在 1895 年，弗洛伊德便提出了冰山的比喻。他的"人格理论"将人格划分为三部分：本我、自我和超我。本我象征着个体内在的欲望和底层动机；自我是个体对自身和周围世界的感知和反应；超我则是个体所接受的社会约束和道德规范。自我位于本我和超我之间，调和两者的冲突。
>
> 如同海面上的冰山，人格显现出来的部分仅是冰山一角，即显意识的部分。而隐藏在冰山下的绝大部分人格则处于潜意识状态，正是这一庞大的潜意识在很大程度上决定了人的外显行为。
>
> 参考《自我与本我》（作者：弗洛伊德，上海译文出版社）

那么，如何洞察潜意识呢？其实，**整理家里的物品就是洞察潜意识的一个极好方法。**

> **知识点**
>
> 家庭的物品就如同心理学的"沙盘"游戏。这种游戏把心理的图景呈现在沙盘中，成为一种治愈心灵、与潜意识对话的心理疗法。同样地，家庭的物品便是你与家人将内心的图景具象化在家中的一种表达方式。
>
> 家庭的物品承载着丰富的信息，记录着你的行为模式。家中的每一件物品，都是你或家人精心挑选回来的。对物品的判断和选择，反映了主人的需求和价值观。更重要的是，这些物品记录着家庭成员之间的互动模式。

通过解析家庭物品这个大沙盘，我们可以窥见冰山下的自我，梳理家庭关系。每一件物品都是一段记忆的载体，一种情感的投射。通过分析这些物品，我们可以解读隐藏在表象之下的深层自我，探寻那无形的动力和潜在的行为模式。这样，我们才能更清晰地理解自己和家人，找到内心与外在世界的和谐共处之道。

让我们通过一个沙盘游戏的实例，来感受如何与自己的潜意识对话。**沙盘游戏尤其适合偏理性思维的人群，这样可以启动自己的感性**

和灵性的觉知，来平衡和触达自己。

在复旦心理学课程中，老师让我们进行了一次沙盘游戏。经过简单的冥想放松后，老师让我们从沙游工具中挑选出一件最喜欢的物品。我毫不犹豫地选择了一个大别墅的模型；然后老师让我们选择一件最不喜欢的物品，我选择了一个医院的模型；最后，老师让我们选择第三件物品——"中和物"，即在沙盘中放置的物品，能减轻你对第二件最不喜欢的物品的厌恶。我选择了一朵莲花。

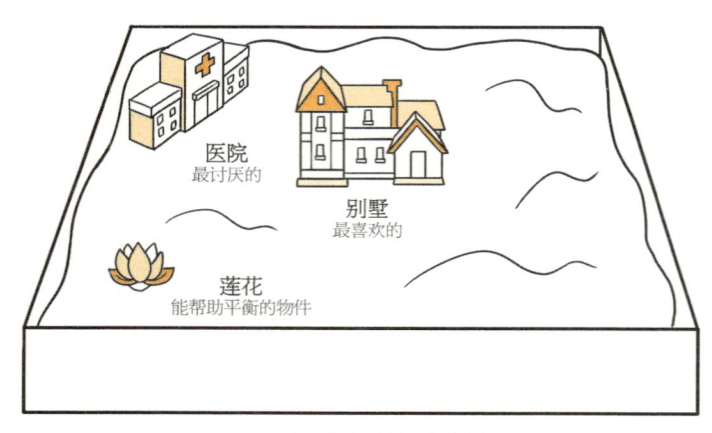

沙盘游戏及挑选的物件

这些选择看似凭直觉，但仔细品味，真的能折射出我的三观和冰山下的自己。首先，我选择了一个大别墅的模型，而不是繁忙的办公楼。过去很长一段时间，我一直以为自己是个女强人，小时候的理想是当女老板。我的现状其实是"老板娘"。我曾经对这个称号极为介意，总觉得在企业中，是我先生说了算，而我的价值未能真正得到体现。每当夫妻俩在公司决策上有分歧时，我的强势态度常常导致家庭纷争。

在我深入学习国学后，通过不断地自我修炼，我逐渐不再终日乾乾、风风火火地做事。更多的时候，我选择在企业中担任支持者的角色，只有在被需要的时候才出手，这样可以保持企业话语权的一致性。这次沙盘选择，完全体现了我内心深处的价值观：对于我来说，一个和谐的家庭，比一份成功的事业更为重要。沙盘中的大别墅模型，象征着我内心最珍惜、最渴望的温馨家庭！察觉到这一点后，我感到十分放松，不再纠结于是否应该拼命工作，还是多留些时间给自己。于是，我做出了一个决定，我不再每天在办公室里辛苦工作十几个小时，而是多花一些时间待在家里，做一些自己喜欢的事情。做减法，正是我当下最适合的选择。

至于我最不喜欢的物品——医院模型，反映了我对死亡的恐惧。**每个人的内心深处都被两种原始动力所驱动：生本能和死本能**[1]。对死亡的恐惧，是人类，甚至是所有有生命的物种共有的一种本能。这种深埋于潜意识的恐惧，支配着我们的心理和行为。正因如此，我才会有洁癖，才会对医院充满厌恶。这一切，原来都是这种深层的恐惧在作祟。

老师让我们选择一件中和物品的妙招极其有效。原本，我艰难地从沙游工具中挑选了医院的模型，心中充满抗拒，甚至不愿意将其放在我的沙盘中。最终，我勉强地把它置于沙盘的角落，仿佛在极力压抑内心深处不愿面对的情绪。然而，当我选择了莲花后，仿佛一股神秘的能量在守护着我，那个角落里的医院模型也不再让我感到那么难受了。虽然我不是佛教徒，但生活中我非常喜欢莲花，觉得它很圣洁，让人看到很舒服。生命中有那么多不可控的事件，生与死本来就是自然的规律。而东方的易经思维，强调生生不息，周而复始。想明

---

[1] 弗洛伊德.《超越唯乐原则》，上海译文出版社。

白了这一点，还有什么可焦虑的呢？活好当下，接受生命中的每一个安排。学会平衡，这不正是生命的智慧吗？

> **实践练习**
>
> 大家可以用类似沙盘游戏的方式，来观察自己家庭物品所形成的巨大沙盘，从中窥见自我及家庭关系。
>
> 花一个下午的时间，静静地与家中的物品对话，感知它们背后蕴藏的信息。
>
> ——你最珍视的物品是什么？为什么？
>
> ——放在你家中最显眼地方的物品是什么？为什么？
>
> ——你最讨厌的物品是什么？这件你讨厌的物品是怎么被带进家里的？为什么你讨厌的物品还在，而没有被舍弃掉？
>
> ——在精神上能支持你的物品有哪些？哪些物品让你觉得有安全感、觉得有爱？仔细地去探索一下这些能支持你精神力量的源泉吧！
>
> ——家里哪种类型的物品过多了，导致很多区域都存放了这类物品？你特别喜欢购买这类物品，背后的需求动机是什么呢？
>
> ——找出被你扔到角落、布满灰尘的物品。这是谁赠送给你的物品，因此你不舍得丢弃吗？还是你自己买的物品，但买回来就不再喜欢了？那么，当初你是出于什么动机而购买的这件物品呢？又或者，有些物品已经不再适用了，但是你一直不舍得扔，为什么？
>
> ——有没有你想拥有但一直缺失的物品？为什么？
>
> 接下来，仔细观察家里空间的布局和家中物品的摆放。这些记录着家庭成员互动的行为模式：
>
> ——先整体看看，你的家庭属于哪种类型：物品过多的家庭、物品与空间匹配的家庭，还是空无一物的家庭？为什么你选择这样的生活方式？
>
> ——家里的物品是谁主要负责采购？家里的功能区是谁规划的？这种生活方式你满意吗？如果不满意，你希望有什么调整？
>
> ——家里谁的物品最多，占据了最多的空间？这种状态你满意吗？如果不满意，你希望有什么调整？
>
> ——家里的物品会被堆在桌面，甚至在地面上吗？家里的收纳空间是否足够？如果空间不足，为什么？是你希望定制柜子，家里人不同意吗？还是有

其他什么原因？

——家里最乱的空间是哪里？这个空间是属于谁的私人空间，还是公用空间？你希望做什么样的调整？

——你是否拥有属于自己的"充电区"——让你全然身心放松的区域？如果没有，你希望在哪个区域去打造这个"私人空间"？

——在家中，若有孩子，孩子是否可以自行决定他的物品摆放位置？抑或一切皆由家长代劳做主？

——你喜欢家里的装修风格和色彩吗？如果不喜欢，你希望有什么调整？

——你在做整理收纳时，是否会和家人冲突？如有，为什么？

你是否曾真正关注过你的家，关注过你的物品？当我们让学员用这种方式来洞察家庭物品的大沙盘时，他们纷纷大呼过瘾，因为这让他们意识到：

——哦，我当初是因为跟风买的这件物品，根本都不适合我，怪不得这件物品没用呢。

——怪不得我孩子讨厌我，我都没有给他管理自己物品的机会，他都青春期了，该由他自己说了算啦。

——我怎么连一个能在自己家中舒服待着的空间都没有？难怪我每天都不愿意待在家里。

——物品怎么都是我老公选的，没有一件我真正喜欢的。

……

记录下你各式各样的觉察，对每一个觉察，你可以再深入展开，问自己更多的为什么：为什么会有这样的选择？为什么会有这样的感受？然后再问自己，接下来我想怎么做？

这些觉察就如同打开手电筒一样，会照亮"冰山"下面的潜意识世界。 每一次的深入思考，都是一次与内心的对话，是一次自我发现的旅程。通过这样的探索，我们逐渐看清了自己的需求，明白了自己的真实愿望。

一旦将这种潜在的需求显化出来，看见了、觉察了，我们便自然而然地具备了行动的能力。 我们会清晰地知道自己该如何改变，如何优化生活中的每一个细节。如此一来，生活中的每一个角落都变得清晰可见，心中的每一个困惑都逐渐解开。我们会发现，整理的不仅仅是物品，更是内心的世界。

➤ 冥想——点亮整理的灵性之光

一旦我们启动了感知力和觉察力，你看到的世界都会有所不同。所以**在日本，物品是被赋予生命的。你在流通一件物品时，需要和它说"谢谢你"，感谢它曾经给过你的帮助。**

除了沙盘，我个人尤为推荐一种能够提升觉知能力的练习，那便是冥想。让我们首先来了解冥想的概念。

> **知识点**
>
> 冥想是一种改变意识的活动，它通过改变大脑皮质的活动模式，帮助身体进入放松状态。
>
> 冥想可以分为两种模式：接受型和积极型。在接受型冥想中，我们仅需要放松，允许各种意象或印象进入脑海，不对细节进行任何选择或控制。而在积极型冥想中，我们会有意图地选择和创造我们希望看到或想象的事物。我们可以构建一个想法、一幅画面，或者你所能设想的对于某个对象或情境的感受，想象自己置身于其中，并尽可能地展现更多的细节。
>
> 参考百度百科，"冥想"（心理学名词）

在本书中，我们借鉴了积极型冥想的模式，建议大家主动带着某

个问题去冥想，去察觉在这种情境下的念头、情绪和感受。比如说，你可以有意图地带着前文沙盘游戏中列举的与物品对话的问题，去觉察自己内心的答案。**当你将注意力转向内在，与这个问题情境下出现的任何想法、情绪、感受交融在一起时，答案就会自然呈现出来** ❶。

让我们用冥想来点亮整理的灵性之光吧！

> **知识点**
>
> 冥想时，首先找一个舒服的位置坐下来，微微地闭上眼睛，调整呼吸。吸气时，感受空气滋润全身；呼气时，将体内的污气和所有的不快一同释放。
>
> 接下来，我们进行全身扫描放松的练习：把身体置于平衡的状态，感受哪里有紧张感，便去放松它。让下巴、肩膀轻轻地下沉，肩上的重担放下了，身体进入更深层的放松。带着关爱，把注意力移动到胸口，释放那里的紧张感；移动到胃部，去放松；再移动到双腿，让它们平和放松；再到膝盖、小腿、脚趾，全身进入到更深层的放松状态。在扫描身体时，享受这种平衡的放松感。
>
> 然后，带着创造力去构建一个想法、一幅画面，或者问自己某个问题，想象你置身其中，并尽可能地展现更多细节。你可以把这种念头、感觉和情绪用绘画或自由书写的形式表达出来，这样我们依然能保持在"潜意识"的状态，才能洞察到未知的自己。

> **实践练习**
>
> 请大家进入冥想状态，来体验"整理生活"视频号中红霞老师的一个冥想练习，从内心深处与整理创造链接吧。
>
> 请问自己以下三个问题。
>
> ①当你想到要整理家的时候，第一个浮现出来的念头，第一个感觉，或者涌现出来的画面是什么？
>
> ②用一幅画，或者一段文字，一个动作，把你刚刚体验到的表达出来。

---

❶ 莱斯特·利文森.《终极自由之路》（喜马拉雅平台"图书"栏目，尚未正式出版）。

记得，一定要表达出来。

　　③当你做上面两件事情的时候，你对自己有什么新发现，你的念头、情绪和感受是什么？

　　以我自己为例：当想到我要整理家这件事时，第一个浮现出来的，是我母亲的房间。我家里的物品不少，好在空间够大，而且房屋设计时预留了足够的收纳空间，功能合理，分类归位也没有问题，达到了人、物、空间的平衡。然而，家里有一个整理的"死角"，就是我母亲的房间区域。

　　母亲原来与我父亲住在一个大房子里，东西很多。父亲去世后，母亲搬来与我同住，整个大房子的物品要挪到她的小房间，许多物品她不舍得扔，就出现了人、物、空间的矛盾。母亲特别喜欢用塑料袋，甚至是塑料袋里面套塑料袋，所以她的房间只能用一个字"乱"来形容。我很惭愧，作为整理收纳行业的从业者，对母亲的房间却束手无策。曾试着跟母亲说帮她整理和扔些东西，却收获了一长串的不孝顺的评价，只得作罢。我内心安慰自己，反正她关着房门，眼不见为净。于是乎，母亲的房间成了我整理的心头之痛。

　　我依然闭上眼睛，用潜意识去觉察第二个问题的答案："用一幅画，把你刚刚体验到的表达出来。"虽然没有真的动笔画，但脑海里浮现出一幅蜘蛛网的图案，起初只是一条条像铅笔画的绳索，后来这个画面逐渐放大，我突然意识到，那像是一个限制我的框框，把我压得喘不过气来。

　　进入第三个问题，"当你做上面两件事情的时候，你对自己有什么新发现，你的念头、情绪、感受又是什么？"老实说，我被自己想象的画面吓着了。我开始反思自己，为什么会有这种画面？按理说，母亲的房间虽然乱，但也没有影响到我的生活呀。我开始像剥洋葱一样层层分析自己，渐渐地，似乎有了答案（请注意，我现在还是闭着眼睛，也就是不要启用理性脑去思考，否则你感受到的和你平时看到的一样，就不会对你有启发）。我似乎能触达到那个被压抑的本我。

　　我真的是一个乖乖女，从小认真刻苦读书，母亲常常标榜从我幼儿园开始，她就接受了市里的各种媒体采访，表扬我"小荷才露尖尖角"。无论是在小学、初中还是高中，每当我新加入一所学校时，我的成绩都处于中等水平，但后来凭借自己的努力，成绩总能逐渐提升到年级第一。高考时，我名列广西壮族自治区外语专业的第一名，获得了"状元"的身份。童年似乎除了读书，就没有别的爱好。记忆中，父母并没有过度要求我学习，只是每次被母亲表扬，仿佛就形成了一种**隐形的绑架**。如今，童年的记忆已然所剩无几，但我依然清晰地记得母亲对我无微不至的照顾。每天的早餐，她总是用面粉做成形似100分的点心，一个"1"，两个"0"。朋友常常问我："你的学霸作风是怎么养成的？"我苦笑着答道："是从小就被训练出来的。"确实，我承认这种刻苦精神是我的优势，使我变得可靠、认真。然而，当朋友继续问："难道你从未做过任何出格的事吗？"我再次苦笑着说："是的，我甚至从未喝醉过。"起初，朋友们以为我在故作姿态。我解释道："那就是真实的我，从小就在这样的训练中长大。"如今反思，正是那个束缚我的框框，限制着"冰山"下的本我。或许，我自己都不了解真正的本我，可能我也有着想"疯"一次的欲望，只是被自己从小训练的超我所压抑了。

　　有人曾说，没有兽性的人生是可悲的，因为那就失去了创意。怪不得我虽擅长做事和规划，而一旦让我去想象某件事，却常常感到无从下手。即使在前几年，好不容易培养起来的小爱好——绘画，我也只能从临摹他人的作品开始。看着别人挥笔如有神助，心中自成画面，我心生羡慕。原来，我那灵性的本我，已经被强大的超我压得喘不过气来，以至于连想象力和创造力都无从入手。

当我意识到这一点时，那压住我的黑暗画面，仿佛透出了一丝光亮。是的，我真的过于追求完美了。**心理学总是强调，要做一个完整的自己，而非完美的自己**。此刻，我终于领悟到这句话的美妙。我的成长环境，使得成为母亲心中的好女儿成为我的标准，这种标准的强化，让我**过于强调外在动机**。于是，我的前半生在**满足外部评价的标准中度过**，努力做一个好女儿、好学生、好妻子、好老板。从外界的角度看，我应该算成功。然而，**长期在意外在评价，导致了我内心的焦虑模式**。在有限的时间内，**焦虑型人格会使人做事快且急，并喜欢多任务并行，消耗大量能量**。此前，我的身体遭遇了一次严重的打击，实际上是身体在向我发出警告，而我并未留意，也未能觉醒。**这种焦虑模式也使我缺乏安全感**。家中囤积的物品不少，因为我在计算物品安全周期时，总是加大系数。好在家的空间够大，没有造成整理的问题。事实上，这些**相对过多的物品，反映了我内心的焦虑程度**。

我需要找到内在动机——我是谁？我人生的使命是什么？我要去往何方？我开始接纳自己，接纳自己的不完美，包括与母亲的关系。以前我从不敢向母亲表露情绪和想法，因为家教告诉我要孝顺，母亲说是的，我不能说不。当我试着向母亲表露心声时，意外地发现这次她并没有反对。我将其理解为，她也在接纳我的本我。每个人都是独特的，我们不能指望他人完全按照自己的意图生活。我们应当接纳自己的不完美，不必事事争当上游。世界如此广阔，人生又如此短暂！

每个人都应该做自己喜欢的事情，去爱，去自我观察。唯有如此，方能放松身心，使身体不再紧绷。

我心中长舒一口气，仿佛那个束缚的框框变小了，变弱了。整理的灵性之光真是神奇。人不仅是理性的动物，**整理也不仅是理性的分类，整理实际上是一个梳理潜意识的过程。**

小结

平衡整理的一个中心,就是平衡整理之道,即严格遵循"需要和有用"这一标准,选择那些能创造价值、在当下令你愉悦的事情,远离那些无法创造价值、无法让你快乐的人和事,并按照当下需求层次的重要性来进行排序和选择。

通过家中物品构成的巨大沙盘,与这些物品对话,构建你生命中的房子;或者通过有意图地冥想,点亮整理的灵性之光,与内心深处的自我对话,揭示那隐藏在冰山下的真实自我。只有如此,才能真正了解自己的"需要和有用",从而做出正确的选择。

02　恰到好处的智慧
——平衡有限与无限、摆烂与完美主义

或许你依然有这样的困惑：只要对我有价值、我喜欢的事情，我就可以放手去做吗？但我想做的事情太多了，怎么取舍？又或者，通过整理的灵性之光，看到了"冰山"下的自我，反而有点糊涂了。现实生活中，到底应该听从"自我"和"超我"，继续努力向前？还是听"本我"的，在家里闲着？

平衡整理提倡的是适度，恰到好处，是一种既不多也不少的智慧。这种适度、恰到好处，不仅适用于物品，也适用于我们每天需要处理的各种事情、各种人际关系。

▶以"用中"为道，寻觅平衡矛盾的支点

要做到恰到好处，就需要我们擅用中庸里的"用中"的智慧，关注以下几对矛盾，找到适合自己的支点。

（1）平衡有限的时间与无限的事情

首先，我们需要在有限的时间与无限的事情这对矛盾中找到平衡，在无所事事与过于繁忙的生活之间找到均衡点，这样才有利于身心健康。

如何做到呢？平衡整理的思维体现在时间管理的智慧上。如果说什么是对人类真正的平等，答案应该是时间。无论你是全球最大企业

的 CEO，还是一名学生，你们所拥有的时间都是一样的，一天 24 小时，一年 365 天。而且每个阶段，人所需要完成的事情和工作都是繁杂的，我们就需要给事情排序。

> **知识点** [1]
>
> 我们可以参考美国著名管理学家柯维提出的"时间管理四象限"法则，将事情、工作按照重要性和紧急程度进行划分，分为四个"象限"：
> 重要且紧急、重要但不紧急、不重要但紧急、不重要且不紧急。

时间管理四象限法则

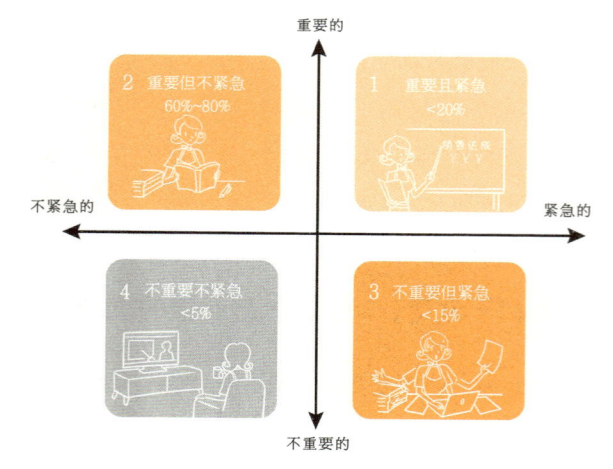

	紧急的	不紧急的
重要的	1 重要且紧急 <20%	2 重要但不紧急 60%~80%
不重要的	3 不重要但紧急 <15%	4 不重要不紧急 <5%

本图参考图书《要事第一》
（作者：史蒂芬·柯维，中国青年出版社）

"时间管理四象限"法则警醒我们，必须谨慎区分第一象限和第三象限，尽管它们都具有紧急性，但其本质却截然不同。第一象限的事情能够带来价值，实现某种重要目标，而第三象限的事情则无法

---

[1] 史蒂芬·柯维.《要事第一》，中国青年出版社。

如此。

　　另一关键在于正确区分第二象限和第三象限的优先顺序。从短期来看，我们可能需要优先完成那些不重要但紧急的项目（第三象限）。然而，**从长期来看**，我们真正需要和对我们有用的，是那些关于自我成长和整个人生走向的需求。因此，**重要但不紧急的事情（第二象限）值得我们投入更多的时间与精力，比如通过学习来提升自己、平时多阅读等**。只有为这些重要但不紧急的事项安排足够的时间，我们才能在未来创造更大的价值。

　　如果时间真的不允许，我们**就应当在前期做好取舍，不接受、舍弃那些不重要不紧急的事情安排，这样才能真正地缓解有限的时间与无限的事情之间的矛盾。时间是有限的，我们需要将其平衡地分配给家人、事业、兴趣、朋友等。**

　　以我自己为例，本来我非常在意外界的评价，也不希望被冠以孤傲的名声，但发现每次吃饭聚会后，自己并没有得到多少充电，反而是消耗了能量。于是我决定尽量不参与纯粹的吃饭聚会，省下不少时间，去做我真心喜欢的事情。

　　（2）平衡有限的资源和无限的欲望

　　我们需要平衡的第二对矛盾是有限的资源和无限的欲望。平衡整理提倡既不纵欲，也不断欲，而是合理地节制欲望。欲望是人类作为高级动物的生理本能，欲不可绝，但欲也不可滥。

　　中国传统文化中蕴含着大量的智慧，提醒我们应当节欲。如**佛家的去除贪嗔痴、禅宗的放下，道家的清静寡欲。其中，我尤为认同庄子的一句话："嗜欲深者天机浅，嗜欲浅者天机深"**[1]，意思是一个人

---

[1] 陈鼓应解读.《庄子》，国家图书馆出版社。

若深陷欲海、贪婪无度，就会失去生命中的灵性与智慧，错过人生中的良机与福报；而一个人若能淡泊名利，减少欲望，那么他的灵性与智慧将会提升，他也会获得更多的机缘与福报。

我们提倡一定程度的节欲，包括对口腹之欲、名利之欲、两性之欲的节制。通过长期的修炼，便能达到孔子所提倡的随心所欲而不逾矩的境界。这种境界既能满足一个人内心的欲求，同时也不违背社会标准。

让我们学习一下被称为中国历史上最后一个圣人——曾国藩，他是如何修炼节欲的。曾国藩初进京时，其父亲曾写信叮嘱他**保身三要：节劳、节欲、节饮食**。曾国藩不仅身体力行，还将这三要写入了家训[1]，要求子孙严格遵循。

节劳：形劳在身，神劳在心。节劳并不是指不用力，而是不要逼自己竭尽全力。因为养生的要义就是要少损耗，否则身体有可能吃不消。

节欲：曾国藩说："节欲修心，安身立命。"[2]意思是说，只有控制自己的欲望，才能修心养性，安身立命。**他认为精、气、神是人体的三宝，纵欲就会有损三宝。只有控制自己的欲望，才不会被欲望掌控。**

节饮食：《黄帝内经》中说："食饮有节，起居有常，不妄作劳。"[3]曾国藩在饮食方面一向主张少食、清淡。他的日常饮食多以蔬菜等素食为主。

曾国藩深谙"知足天地宽，贪得宇宙隘"[4]的道理：知足的人感到天地很宽广，贪婪的人感到宇宙很狭小。**让我们学习圣人这种知

---

[1][2][4] 曾国藩.《曾国藩家书》，长江文艺出版社。

[3] 姚春鹏译注.《黄帝内经》，中华书局。

足、节欲的处世态度，它正是平衡整理所提倡的恰到好处的智慧：当你满足于自己所拥有的，珍惜当下，才能拥有更广阔的未来。

曾国藩的保身三要：节劳、节欲、节饮食

节劳
养生的要义就是要少损耗

节欲
曾国藩认为精、气、神是人体的三宝，纵欲就会有损三宝。只有控制了自己的欲望，才不会被欲望掌控自己。

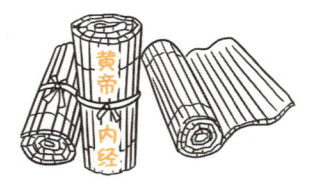

节饮食
《黄帝内经》中说：
"食饮有节，
起居有常，
不妄作劳。"

（3）平衡"摆烂主义"的随意与"完美主义"的苛求

平衡整理的两个层面还包括在"摆烂主义"的随意与"完美主义"的苛求之间找到中庸之道，过上最自然、最舒适、最不消耗的人生。

不知从何时起，"摆烂"成了一个流行词汇，甚至成为部分年轻人的生活态度。比如一些年轻人虽是"海龟"，但回国后眼高手低，找不到合适的工作，变成了"啃老族"。他们早上睡到自然醒，晚上只顾玩乐。网上曾报道某先生花费数百万让儿子出国留学，没想到孩子毕业回国后，不仅不找工作，还持续啃老十多年！先生一怒之下把给他儿子买的豪车卖掉，结果儿子不但不反省，反而动手打父亲。

这种社会现象有其时代原因。物质生活的改善，导致部分年轻一代在无忧无虑、衣来伸手饭来张口的环境下成长，未能形成正确的价值观，可谓是被家长惯出的"巨婴"。这种不能创造价值的生活方式，是在浪费生命，是我们所唾弃的。

另一种社会现象是"996"工作制或"过劳死"。"996"指互联网企业盛行的加班文化，员工从早上9点工作到晚上9点，每天工作10个小时以上，每周工作6天。这种高强度的工作状态，导致身体过度损耗。因此，职场精英和企业老板"过劳死"的事件屡见不鲜。

许多事业有成的人，往往牺牲了与家人共处的时间，忽略了自身的休息与娱乐，更难得静下心来修炼内心。他们来不及思考每日忙碌的真正意义。**这种对事业"完美主义"的执念，实际上是一种耗损精气神的束缚，往往会损害身体。所以，我们并不鼓励这种过度消耗的生活方式。**

我有一个朋友就是如此，工作是他的一切，他每天起早摸黑投入工作，全年无休。以前，经济大环境好时，生意越做越好，更是让他不断投入时间和精力、不断向前冲。可如今经济下行，需求大幅下降，许多企业破产倒闭，他变得非常焦虑。我引导他思考生命中最重要的意义是什么，他说："要有所成就。"我继续追问："有所成就，然后呢？"他回答："这样我就能安然自得地享受人生，和孩子们多一些家庭旅游。"我笑道："那为什么不现在就适当享受呢？"

我理解我的朋友，他从小在贫穷的家庭环境中长大，这种境遇在他心中深深植下了没有安全感的种子。正是缺乏安全感，驱使他不断努力，力图通过积攒更多财富来保护自己和家人。虽然他已经财富自由，但这种不安全感依然像绳索一样勒着他不断前行。但事实是人需要劳逸结合，才能保持健康的身体，才能更长久地去奋斗。因此，我们应该顺应时势，在大环境不佳的情况下，先保存实力，适当放慢脚步。

如此，我们才能在摆烂主义与完美主义之间找到平衡，既不纵容自己沉沦，也不过度消耗自己。用中庸之道指导生活，才能真正找到自然舒适、最符合自我需求的生活状态。

小结

平衡整理提倡一种中庸的生活态度，这是一种积极而阳光的生活哲学。它帮助我们在有限的时间和资源中找到最适合自己的生活方式，强调在行动上全力以赴，但在结果上不执着。顺应时势，该努力时尽心竭力，该放松时从容自在，有张有弛。恰如其分的松弛与努力，使我们不被欲望的洪流淹没，也不因过度的紧张而耗尽生命的激情。这种适度松弛、恰到好处的生活方式，才是真正理想的状态。它既能让我们保持身心的健康，又能让我们在追求目标的过程中，体验到生活的美好。

03　把握人、事、时间的动态平衡

与理物篇相似，平衡整理的理人、理心篇中，一个中心探讨了"权衡"的支点，明确了我们判断和选择的标准；两个层面掌握了"用中"，帮助我们保持恰到好处的生活方式。

接下来，三个维度则加入了时间的概念，以深入探讨"时中"的智慧：如何管理和利用好时间，从而达到人、事、时间的动态平衡。

▶人、事、时间的动态平衡

具体来说，我们思考和判断应基于以人为本的核心，从人的需要和有用（即有价值、喜欢）这个标准出发，来选择适合自己的事情或人际关系。每个人的时间是恒定的，一天仅有 24 小时。这意味着，我们所做的事情或者处理的人际关系必须与时间匹配。我们不应把时间分配给所有的人和事，避免时间浪费在无价值的事情上或令人不快的人际关系上。

我们需要按照"时间管理的四象限"法则，把时间优先分配给重要的人或事情。

同时，每个人的生活方式各有不同，甚至同一个人在不同的时间节点，其能量的状态也会有所不同。在不同的能量状态下，每个人利用时间的效率也会各异。因此，我们需要通过能量管理来提升自己的频率。当你保持高频状态时，就能更优化地利用时间，使这一时间段的产出价值最大化。

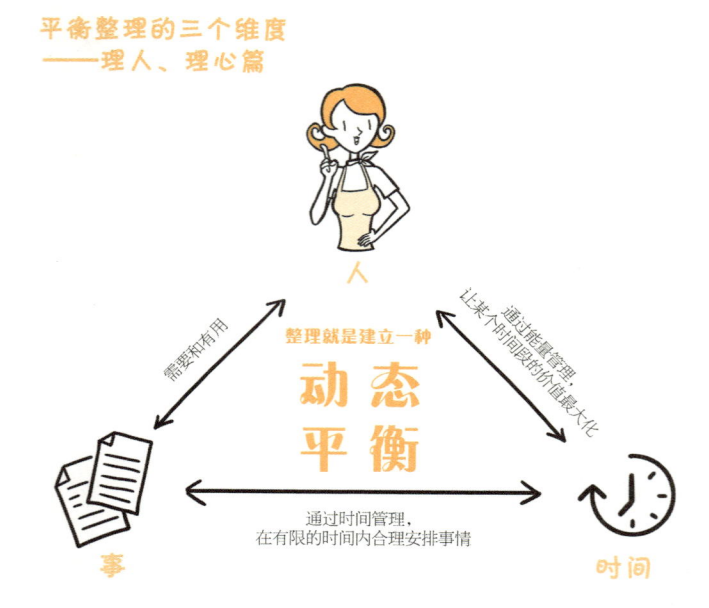

平衡整理的三个维度
——理人、理心篇

人

整理就是建立一种 **动态平衡**

需要和有用

通过能量管理，让某个时间段的价值最大化

通过时间管理，在有限的时间内合理安排事情

事　　　　　　时间

值得注意的是，与理物篇强调的人、物、空间需要达到动态平衡一样，**理人、理心篇也强调人、事、时间的动态平衡**。这意味着，随着人、事、时间任何一个维度的变化，其他维度也要随之变化，以找到新的动态平衡。

譬如，随着人生各个年龄阶段的变迁，人的价值观亦会发生转变，这种转变必然影响其判断和选择的标准，即其平衡整理的一个中心将会有所不同。因此，他所从事的事情和生活方式也将随之改变。例如，对于 30 岁左右的年轻人，正值事业发展的黄金期，他的待人做事的重心大概率偏向事业，高效利用时间是他的生活方式。而对于 60 岁左右的退休人士，他们的大部分时间需要围绕健康和家庭，步子放慢、更休闲的生活方式更适合这个年龄段的人。也就是说，人这个维度变了，他所从事的事情及生活方式也将随之调整。

同样，如果一个人的性格发生了变化，他的生活方式也会随之改变，喜欢做的事情、喜欢交往的人都会不同。例如，有些刚毕业的年轻人可能会有些"社恐"，更喜欢独处，不会花太多时间社交。通过工作场合的磨炼，他们可能会变得越来越"社牛"，愿意花大量时间去应酬。在这种情况下，就需要按照时间管理来进行排序，优先安排需要做的事情，进行一定的取舍，才能达到人、事、时间的平衡。

即使在同一个年龄阶段，不同状态下的人也会有不同的喜好和行为方式。比如，刚和家人吵过架，一个人可能觉得做什么事情都不顺手，干脆躺在床上睡觉。而如果一个人精力充沛，每天像打了"鸡血"一样，这种高能量状态往往能让他在事业上拼搏出较大的成就。也就是说，人的能量状态变了，他的生活方式和所做的事情也会随之变化。

如何在不同的生命阶段，活出最佳的生命状态，平衡有限的时间和无限的事情、有限的资源和无限的欲望，就需要擅用以下方法和工具，来达到人、事、时间的动态平衡。

▶时间管理的技巧

首先，第一个方法是通过"时间管理四象限"法则，把事情按照重要和紧急来划分为四个象限，以便做出排序选择，从而在有限的时间内，做最喜欢和最有价值的事情。

建议大家可以把每天需要做的事情大致罗列出来，然后标记出自己的"减法"项目和"加法"项目，这样就能形成你的"时间优化管理表格"。

下面列举常见的"减法"项目及"加法"项目，大家可以根据自己的实际情况进行调整：可以打钩、打叉，或者补充自己需要增减的内容。

（1）"减法"项目

其实时间管理的方法，与管理物品及空间类似。对于一个过于拥挤的空间，我们需要断舍离不需要的物品；同样，对于那些起早摸黑、忙忙碌碌却不知道每天到底做了什么事情的人，应该搞清楚时间都花在哪里了，并**把那些对自己没价值、自己不喜欢的人和事断舍离掉。以下是一些常见的"浪费"了大量时间的无效事情。**

生活类

每天长时间刷手机，看各种直播或玩游戏；

每天长时间追电视剧；

无目的地长时间闲聊；

多管闲事：别人没有要求你帮忙，自己非要去插手；

无效社交：与那些你并不喜欢的人待在一起；

过度购物：超过你真实需求的购物，不止浪费金钱，还浪费了挑选、购买物品的时间以及维护物品的时间。

当然，适度的娱乐、休闲活动是有必要的。然而一旦过度，则会侵占你专注于真正有价值事物的时间。让我们回忆并想象，还有哪些与生活相关的项目，花费了你太多时间，却让你觉得无价值、不喜欢的，请补充到"时间优化管理表格"中。

工作类

在工作上，典型的需要你做减法的事情包括：

越俎代庖：处理不在你责任范围内的事情，浪费时间与精力；

未训练好下属：由于缺乏对下属的培训，常以自己能做得更好为由，把下属该做的事情揽过来做，导致效率低下；

流程不顺：没有理顺好工作流程，导致总是做重复无用的工作，消耗了宝贵的资源和时间。

在工作中，我们也要严格遵守"是否能创造价值，或者是否自己喜欢"的标准，删除那些不能创造价值、无意义的环节，才能更高效。

请思考并补充工作中其他能优化去除的项目，记录在"时间优化管理表格"内。通过做减法，你将会成为一名高效能人士，腾出更多时间和精力，去做那些真正有价值和自己喜欢的事情。

其他需要"平衡"的"减法"项目

你可以通过观察你的时间，看看每天花在什么人、事、物的时间过多了，导致你没有时间做其他事情。为了平衡你的身心灵健康，建议减少这种"过多"的项目：例如"工作狂"就应该适当减少工作时间；相反，"躺平"的人就要减少"赖床——躺在床上无所事事"的时间。

依此类推，**请根据你自身的情况，反思那些过度投入的事情，将它们列在"时间优化管理表格"内。当我们打破过去的惯性，换一个视角去看世界时，往往能发现更多的可能性，去遇见未知的自己。**

（2）"加法"项目

生活类和工作类

当我们做了减法后，把自己从浪费的时间中"拯救"出来，就能把时间挪出来，去做更有价值、更有意义的事情。

去做自己喜欢的事情；

去和自己喜欢的人打交道；

去学习，去增加自我价值；

去展开想象力、去创造。

我自己有一句箴言，叫"三心二意"，即有心、用心、专心，去做有意思和有意义的事情。只要一个人坚持做自己喜欢且有意义的事情，假以时日，必能有所成就。这才是正确利用时间的方法。

其他需要"平衡"的"加法"项目

除了更多地投入有意义和能创造价值的事情中,我们也需要像做减法时一样,找到自己需要"平衡"的"加法"项目,通过留意自己平时排斥的人和事,来觉察自身。**每个人都有自己的认识局限,这些局限往往受到潜意识的影响。当你非常讨厌一件事或某种场合时,反而应该觉察其中的原因:为何你会讨厌甚至恐惧某些事情?通过刻意练习,我们可以突破自己,故意去做一些平时避开的事情。观察那些你不喜欢的人,看看他们身上的哪些特质是你所欠缺但需要学习的。**这样,我们就能打破自己的思维和行为惯性,不被过去的条条框框所束缚,活出一个崭新的自我。

实践练习

时间优化管理表格			
类别	减法项目	加法项目	其他需要"平衡"的项目
生活类			
工作类			

通过练习,相信大家都已洞察到自己的时间到底流向何处。当你绘制出自己的"时间优化管理表格"后,可以有意识地优化和平衡时间,将宝贵的时间留给那些能够创造价值、让自己真正开心的人和事。打破过去的惯性,去体验更多的可能性,你的状态也会焕然一新,不再被埋没在每天朝九晚五的单调生活中。

这种自我觉察和时间管理,不仅帮助我们真正活在当下,还让我们能享受每一刻的美好与充实。通过平衡整理的智慧,我们能在有限的时间里找到真正的价值,体会到生命的丰富与多彩。

朝九晚九工作，家庭忙忙忙

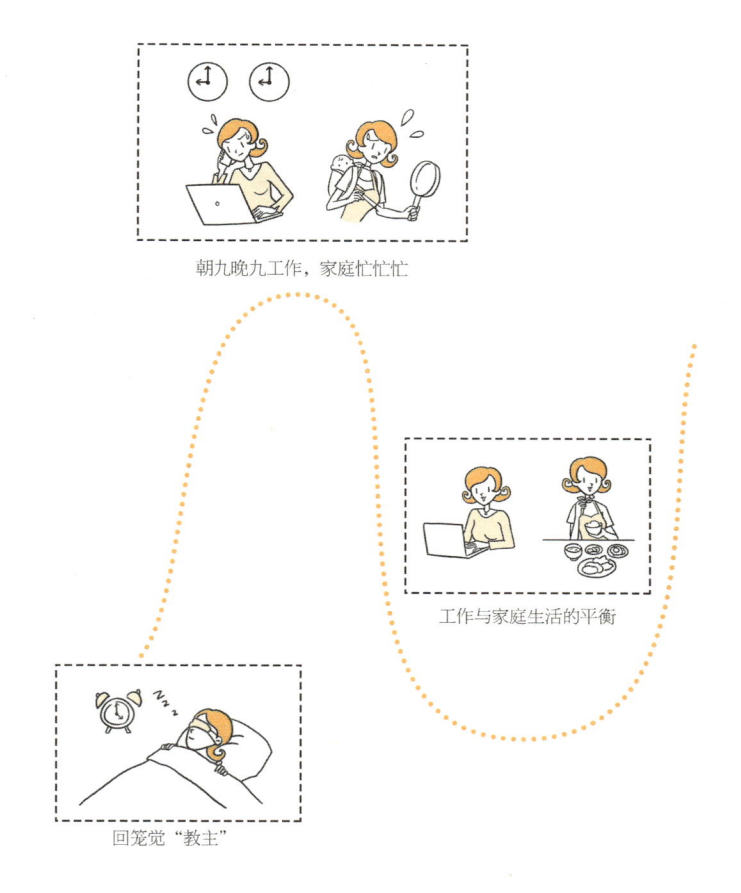

工作与家庭生活的平衡

回笼觉"教主"

▶ 能量管理的技巧

要实现人、事、时间的动态平衡，除了掌握时间管理的技巧外，还需要掌握能量管理的技巧。因为**即使在同样的时间内做同样的事情，当你处于高能量层级时，你所获得的价值以及为他人创造的价值都会最大化！这里的价值包括经济价值和情绪价值。**

例如，当你处于充满爱的状态时，做任何事情都会得心应手。你的爱也会辐射给周围的人，使他们感受到温暖并将这种爱传递下去。相反，即使是一些琐碎的小事，如果引起了你的愤怒，那么愤怒状态下的过激行为也可能带来严重的后果。

因此，我们推荐使用**"霍金斯能量等级表"来管理自己的能量，以便活得更加开心、从容且高效**。这个能量等级表分为上下两部分：上部分代表积极、正向的能量层级；而下部分则代表消极、低沉的能量层级。

霍金斯能量等级表

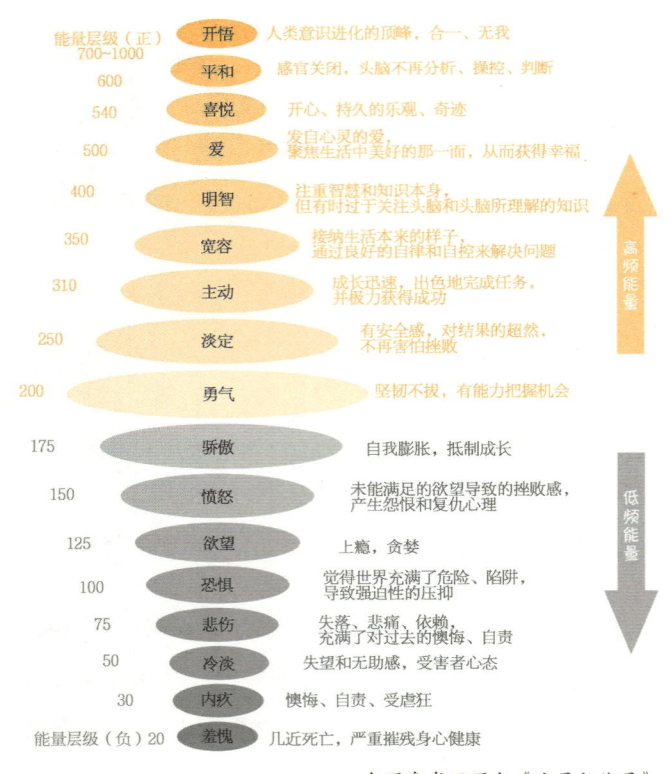

能量层级（正）	层级	描述
700~1000	开悟	人类意识进化的顶峰，合一、无我
600	平和	感官关闭，头脑不再分析、操控、判断
540	喜悦	开心、持久的乐观、奇迹
500	爱	发自心灵的爱，聚焦生活中美好的那一面，从而获得幸福
400	明智	注重智慧和知识本身，但有时过于关注头脑和头脑所理解的知识
350	宽容	接纳生活本来的样子，通过良好的自律和自控来解决问题
310	主动	成长迅速，出色地完成任务，并极力获得成功
250	淡定	有安全感，对结果的超然，不再害怕挫败
200	勇气	坚韧不拔，有能力把握机会

（高频能量）

175	骄傲	自我膨胀，抵制成长
150	愤怒	未能满足的欲望导致的挫败感，产生怨恨和复仇心理
125	欲望	上瘾，贪婪
100	恐惧	觉得世界充满了危险、陷阱，导致强迫性的压抑
75	悲伤	失落、悲痛、依赖，充满了对过去的懊悔、自责
50	冷淡	失望和无助感，受害者心态
30	内疚	懊悔、自责、受虐狂
能量层级（负）20	羞愧	几近死亡，严重摧残身心健康

（低频能量）

本图参考了图书《力量与能量》
（作者：大卫·R.霍金斯，长江文艺出版社）

参考"霍金斯能量等级表"后，我们建议依然遵循先减法，再加法，然后平衡的法则，来制定自己的"能量优化管理表格"。以下是一些建议，大家可以根据自身实际情况进行调整，形成属于自己的能量管理方案。

(1)"减法"项目

最容易损害我们能量的是各种负面情绪。以下这些行为都极易引发负面情绪，耗损我们的能量，应尽量避免。

因为鸡毛蒜皮的事情吵架：无谓的小事争吵只会增加压力和负面情绪；

指责、抱怨他人：持续地指责和抱怨不仅会影响他人的情绪，也会让自己陷入负面思维中；

攀比：与他人攀比会产生嫉妒和不满，导致内心的焦虑和不安；

为了满足欲望所产生的不必要的购物：购物带来的短暂满足感之后，往往是长时间的空虚和懊悔；

把家里搞得乱糟糟：无序的环境会损害大脑[1]，影响心情，让人感到烦躁和压抑；

与消极的人待在一起：消极的人会传染负能量，让自己也陷入低沉的情绪中；

多项目工作：别以为多项目工作可以节约时间，其实每一个当下，大脑只能操作一个任务。多任务工作只会损害人的大脑皮层，并不能真正地提高效率。[2]

请根据你自身的情况，想想自己在做什么事情，和什么人打交道时，会容易产生负面的情绪，把它补充列在你的"能量优化管理表

---

[1][2] 丹尼尔·列维汀.《有序》，中信出版集团。

格"中。

（2）"加法"项目

当我们不再去做那些耗费能量的事情，身心自然会变得喜悦和平和。然而，情绪的波动是人类难以避免的常态。**当我们感受到负面情绪时，可以通过以下"加法"项目来调整心情，使自己重新回到高频状态。**

冥想：冥想对身心益处多多，可以帮助身体和大脑彻底放松、缓解压力，找到内在的平静与力量；

深呼吸：几次深长的呼吸，可以立刻带来放松感，让我们重新感受到内心的宁静；

读好书、看好电影：选择一本好书或一部好电影，可以让我们暂时远离现实的压力，沉浸在另一个美好的世界中，获得心灵的滋养；

听音乐：特别推荐听 432 赫兹的音乐，这是最接近宇宙的疗愈声音，可以让心灵得到深层次的治愈；

与喜欢的人在一起：与亲密的朋友、家人或者爱人在一起，共享时光，感受到爱的温暖和支持；

独处：独处时，可以静下心来与自己对话，倾听内心的声音，找到内心的平衡与宁静；

与大自然亲密接触：走进大自然，呼吸新鲜空气，感受阳光的温暖，聆听鸟儿的歌唱，让自然的力量疗愈身心；

练瑜伽、打太极拳：这些相对舒缓放松的运动，可以帮助我们平衡身体和心灵，提升整体的能量状态；

好好吃饭：享受每一餐的美食，不仅是对身体的滋养，也是对心灵的犒赏；

好好睡觉：充足而高质量的睡眠，是恢复能量和保持高频状态的

关键;

做 SPA: 享受身体的放松和护理,让身心彻底放松,恢复元气。

这种类型的活动,往往能让你达到"正念"的状态[1]**,从而能更有觉察力地专注于当下。**请根据你自身的情况,想想自己在做什么事情,和什么人打交道时,能有这种放松、全然临在的感觉。请把它们补充完善到你的"能量优化管理表格"中。

其他需要"平衡"的项目

对于那些平时处于能量层级较低的人,比如因欲望无法满足而常常愤怒,他们需要通过修炼上面的加法项目,去平衡和提升自己的能量水平。

即使那些自我感觉已经处于能量层级较高水平的人,也建议他们偶尔进行反方向的"运动"。例如,一个平时修身养性的人,大部分时间都在独处或与大自然相处,偶尔也需要故意融入人群。一方面,这可以避免与世隔绝;另一方面,当他们与周围的人交流时,他们平和的能量场——他们的"光",才能感染和影响更多的人,从而真正发挥他们的价值。

实践练习

能量优化管理表格	
减法项目	
加法项目	
其他需要"平衡"的项目	

---

[1] 乔·卡巴金.《此刻是一枝花》,机械工业出版社。

> **知识点**
>
> 总之，通过能量优化管理，我们可以减少那些让自己处于低频状态的活动，远离那些消耗我们生命能量的人群。相反地，我们应多做那些让自己感到开心、喜悦、充满正能量的事情，才能真正实现身心灵的平衡。这样一来，我们不仅能锚定在高维的状态，全然临在当下，使每一个时间段都产生最大的价值，还能将自己活成一束光，照耀更多的人，从而真正实现自己的人生价值！

▶保持健康的"疆界"

管理好了自己的时间及能量状态，是否就能理顺那抽象的"理人""理心"呢？其实，与理物篇中的"整理的界限"类似，我们还需要做到保持健康的"疆界"。**只有每个人都保持了健康的"疆界"，才能照顾好内环——与自己的关系、中环——与他人的关系，以及外环——与物质的关系，从而形成这三个环的和谐平衡。** 否则，我们就会被他人主宰时间和生活方式，背离自身的真实需求，陷入做那些自己并不喜欢且毫无价值的事情的境地。

对于如何保持健康的"疆界"，有如下建议。

（1）平衡"外在自我"与"内在自我"

每个人都有"外在自我"和"内在自我"[1]。"外在自我"是我们和外界打交道时所展现的自我，包括我们的言谈举止、社交礼仪等；"内在自我"是我们真实的想法、情感和价值观。往往，"外在自我"与"内在自我"会有差距，荣格曾说过，人像是戴着"人格面具"[2]而活着。

---

[1] 休·麦凯.《内在自我》，中国科学技术出版社。

[2] 卡尔·古斯塔夫·荣格.《原始意向和集体无意识》，国际文化出版公司。

当一个人过于在乎外在评价时，这种"外在自我"和"内在自我"就会产生分裂，导致心理失衡；或者，一个人会将他人对自己的评价内化到心灵深处，误以为自己真的如外界所标榜的模样。例如，我在外界评价的"裹挟"下，从小就争强好胜，勇争第一，竭尽全力保持"完美"。殊不知，这实则违背了我的真实需求，导致了身体的紧张和不适。

因此，我们要保持健康的"疆界"，既要在每个角色中尽到责任，同时学会"自如切换"，而不被某一种角色或集体意识绑架自己。

举个例子，有个女孩不会喝酒，但她从事的是销售工作，在中国做销售不可避免地需要应酬喝酒。一开始，女孩坚持不喝酒，别人劝她喝酒她还生气，导致客人说她太清高，服务不好客户，也导致老板责备她。女孩开始自责，觉得自己情商低，还把这种外部评价内化到心里，觉得自己一无是处。

后来，她寻求咨询师的帮助，咨询师了解到：首先，她的"内在自我"是一个比较内向的人，本质上不喜欢做销售工作。这种"工作角色"与她内在需求的反差，让她感到痛苦。于是，咨询师给了她两个建议，让她按照内心做出选择。

一是遵循本心，选择适合自己的工作，比如说不必与人有太多应酬的工作。

二是如果这份工作对你确实非常重要，那么可以将这种应酬视作你的"工作角色"——在喝酒过程中，戴上你的"面具"来"跳舞"。其实喝酒的量并不重要，关键在于你要融入环境中，不要抵触，客人并不会太在意你喝酒的量。当你回到家时，可以从"工作角色"中抽离出来，回归真实的自我。

因为这份工作对女孩来说至关重要，她选择了第二个建议。她也确实做到了这一点：当她内心不再抵触喝酒这件事时，哪怕她酒量不好，不能多喝，但她有礼有节，不让自己和他人难受，客人也不会难为她。

> **知识点**
>
> 在各种角色状态中"自如切换"，正是我们所提倡的平衡"外在自我"与"内在自我"的方法。当我们处于不同的角色中时，就应"扮演"好这个角色的最佳状态。一旦完成该角色的任务，我们又能迅速抽离出来，不将上一个角色的要求带到下一个角色中去。如此一来，我们便能保持"外在自我"与"内在自我"的健康"疆界"，维持内心的平衡和独立。
>
> 有句俗语"人生如戏，全靠演技"，实际上是在教我们在不同场合对待不同的人时，运用最合适的方法，照顾到他人的需要，同时自己也不卑不亢，维护自己健康的"疆界"。这种"可入可出"的状态，能让我们的"内环"与"中环"达到平衡与和谐。

（2）平衡"小我"与"大我"

保持健康的"疆界"，另一个关键在于平衡"小我"（Me）和"大我"（We）的需求。"小我"的"疆界"不能过于膨胀，否则将会掩盖和吞噬"大我"，引发矛盾与冲突。

以我自己为例，曾经有一段时间，我执迷于平衡整理的一个中心原则，过于关注自己的"需要和有用"，放大了"小我"。我过度关注家庭中物品的界限，突然发现家里大大小小的物品购置怎么都是我先生说了算，觉得自己没有话语权。带着这种情绪和物品对话时，我好像找不到让自己怦然心动的物品。于是，带着不满的情绪与我先生吵架。我先生也不满，觉得他为了这个家付出了很多，怎么反而成了过错。我俩都闷闷不乐。

补充一下背景，我是一名事业型女性，曾任知名外资银行副行长,是当时珠海第一位担任外资银行行长级别的本地人士。然而,在事业上升期,为了满足我先生的需要,我放弃了自己的事业,加入了家族企业。至今,原来在银行的同事仍会提及我当年的成就。在家族企业中,虽然员工称呼我"老板",但毕竟企业是我先生创办的,每次争吵时,我都有一种被他看作"打工人"的感觉。这可以说是我的"心病",所以我讨厌别人称呼我"老板娘"。我以为自己已经释怀了,但发现其实并没有。这种内在的本我被压抑了很久,现在围绕家庭物品购置的决定权再次爆发。我感到困惑:为什么在公司是我先生说了算,连在家里买东西、布置环境也要由他决定?

为了缓解这种不良情绪,我选择出国旅行散心。当我旅行结束回到珠海,回到温暖的家,那一刻突然觉得,整个家不就是最让我怦然心动的吗?这个世界上还有什么比它更重要的?突然间,我意识到自己前一段时间的执迷是不对的。是呀,不能割裂地看待一个个物品,而要用整体的心态(wholeness)看待事情、看待万物!**看待家庭,也应该从"小我"放大到"大我",平衡整理的一个中心法则应该是整个家庭成员的"需要和有用"**。想通了这一点,我仿佛打开了一扇新的窗户。多少朋友来过我们家都羡慕,自己住久了反而没有感觉,忽略了先生用心经营及呵护家庭的付出,我真的觉得内疚和惭愧。

从这里延展开,有些女性朋友选择在家中奉献而未外出工作。她们有时会抱怨:自己为了家庭"牺牲",先生不帮忙做家务,孩子如何如何。其实,这也涉及同样的问题:如何平衡"小我"和"大我"的关系。**每个人的一生都是由自己选择的路径形成的**。如果女性面临是否为了家庭"牺牲"小我、成全家庭"大我"的抉择时,建议全面地权衡利弊。例如,分析自己的性格,看看自己到底是事业型女性还是喜欢在家里的"贤妻良母"？若你是事业型女性，无论多累，建议你宁愿辛苦一点，也要保持在外工作，维持自己的事业。否则，一旦选择为了家庭牺牲事业，总有一天你会感到后悔。而如果你本来就不喜欢繁忙的"996"工作方式，是真心希望付出时间养育孩子，那么，**当你做出家庭"大我"更重要的决定时，日后就要对自己的决定负责**。不要抱怨家人，不要"投诉"自己为了养育孩子、管理家庭而埋没了个人的需要。

> **知识点**
>
> 我们可以通过"一致性表达"，即身心合一的表达方式，与家人进行沟通协商，以便让对方倾听到你的需求，从而达成一致意见，让这个"小我"（Me）的需求，与"大我"（We）的需求尽量保持一致，实现真正的和谐共处。
>
> 参考《萨提亚家庭治疗模式》（作者：维吉尼亚·萨提亚，世界图书出版公司）

以我自己为例：当我"投诉"家里的物品都是由我先生做主购买的后，他听到了我的需求，便鼓励我多选择自己喜欢的物品。于是，我买了些日式的日用器皿（以前我总觉得他选的东西过于男性化）。未来，我还计划在家里打造一个日式的小空间。尽管家里的每个区域可能无法完全满足我的个人审美，但只要有一个自己非常喜欢的小区域，在那个区域我可以身心完全放松，这便是一种平衡"小我"需求与"大我"需求的方式。

注意，这种表达自我需求的方式应通过一致性的表达来实现。过去我与我先生争吵，往往因为我总是抱怨对方的不足。后来我反思，发现这只是我个人的主观感受，并没有真正站在对方的角度去理解问题。因此，**我改用了"一致性表达"的方法**。

首先指出我认为的问题点：例如，我觉得家里的物品好像都是你买回来的；

其次说明我的感受：我觉得好像自己没有做主的权利；

最后表达我的期望：以后我希望能多参与家里物品的购置决策。

这种方式不带指责，让家庭成员共同探讨，达成一致，并按照这种一致性去行动。家庭关系因此变得更加和谐。

小结

要掌握一个健康的"疆界",保护我们的"内在自我"不被外界的评价和干扰所左右。我们需要在不同的社会角色中自由切换,既能融入外界,又能回归自我。这种"可入可出"的灵活性,可以平衡"外在自我"和"内在自我",帮助我们在繁杂的社会生活中保持内心的平衡和独立。

同时,我们要学会平衡"小我"和"大我"的需求。通过一致性的表达,我们可以清晰地传达自己的需求,达成与他人的和谐共识。小我与大我在这种沟通中实现了融合,既满足了个人的真实需求,也促进了群体的共同利益。

掌握了这些技巧,每个人便能在自己的健康"疆界"内,通过时间管理和能量管理,处理好自己与自己的关系、自己与外部的关系,从而活出和谐美满的人生!

04 活出你想要的样子
——整理人际关系、整理内心

平衡整理之理人、理心篇的一个中心、两个层面和三个维度，告诉我们判断和选择的标准在于"需要和有用"（即有价值、喜欢），但不要走向两个极端，要保持恰到好处。然后，通过时间管理和能量管理，以及保持健康的"疆界"，实现人、事、时间的动态平衡。

接下来，我们将运用平衡整理的四个象限这一工具，回顾过去、展望未来，就可以一步一步地朝着自己的梦想出发，活出自己想要的人生！

▶绘制"梦想生活时间表"

在我们深入探讨平衡整理理人、理心的四个象限工具之前，我们首先要打开想象力，去描绘我们梦想中的生活。

正如我们的粉丝留言所说："整理生活公众号的内容和展示的家庭场景图太动人了，虽然我也知道家里乱，可是我真的没时间、没精力去整理呀。"的确，现实生活非常残酷，每个人都承担着不同的角色和压力。尤其是中国的女性，上班时努力拼搏事业，下班后还要照顾家庭成员的老老小小。对她们来说，整理收纳这件事，有时候确实有心无力。

那么，做做梦总是可以的吧？当我去日本考察时，近藤麻理惠老师的大弟子安藤贡老师给我们安排了这样一个练习：让我们闭上眼睛5分钟，去想象、去构思我们的梦想家园是什么样子的。描绘一下你一天生活的模样，越详细越好。

🎯 **实践练习**
现在，让我们一起开始绘制你的"梦想生活时间表"。

梦想生活时间表	
时间段	场景、理想生活方式
早上	
中午	
下午	
晚上	

以学员 B 君的"梦想生活时间表"为例。

想象中，B 君美好的一天是这样开始的。

早上 6:00：起床，晨光暖暖地洒在大地上，树上的鸟欢快地叫着。我用心爱的茶杯泡了一杯咖啡，迎接美好的一天；

早上 6:10—7:00：梳洗后，在院子里打一套拳，或者练习一节瑜伽，唤醒身体，与宇宙同频；

早上 7:00—8:00：为心爱的家人准备爱心早餐；

早上 8:00—9:00：叫醒孩子，送孩子上学，然后自己也去公司上班；

早上 9:00—下午 5:00：在公司努力奋斗（细节略过）；

下午 5:00—晚上 7:00：准备可口的饭菜给家人；

晚上 7:00—9:00：和孩子共度美好的家庭时光；

晚上 9:00—12:00：属于自己的时间，看看书、听听音乐。

然而，5 分钟后，B 君睁开眼睛，感到不过瘾。她说，这还不是她的理想生活，她仍然放不下太多角色的责任，还没有真正拥有属于她自己的时间和空间。

·160·

于是，B君再次闭上眼睛，这次她完全放飞自我，按照一个完整的、不受外界约束的自我去想象她的梦想生活。

改版后B君美好的一天是这样开始的。

早上7：00：起床，晨光暖暖地洒在大地上，树上的鸟欢快地叫着。我用心爱的茶杯泡了一杯咖啡，迎接美好的一天；

早上7：00—8：00：梳洗后，在院子里打一套拳，或者练习一节瑜伽，唤醒身体，与宇宙同频；

早上8：00—中午12：00：享用早餐，用半天的时间充实自己，读书等；

中午12：00—下午2：00：午餐，顺便做个SPA；

下午2：00—晚上7：00：在自己专属的工作室，通过互联网做内容主播，传递自己的价值；

晚上7：00—9：00：晚餐，和孩子共度美好的家庭时光；

晚上9：00—11：00：娱乐时间，听听音乐、看看电影，放松心情。

B君是一位年近50岁的中年女性，过去一直在事业上拼搏，家里经济条件富裕，但由于从小养成的节俭作风，她一直未请阿姨帮忙做家务。每天她风风火火地忙碌着，总觉得时间不够用。在第一次的想象中，她仍未能摆脱角色的束缚，每天在事业与家庭的重压下挣扎，忽略了自己的真实需求。第二次，她真正按照自己的需要去想象，才发现了自己的真实需求与现实生活的差异。

希望能晚一点起床；

希望多一点自由的学习时间；

希望不要"浪费"时间在做饭上；

希望能输出自我的价值；

希望能早一点睡觉。

通过绘制"梦想生活时间表"的练习，B君察觉到她理想的生活是怎样的。**于是，她立即采取行动，按照理想的生活方式，改变了日常的行为模式。**人生短暂，能够活出自己想要的样子是何其难得！

当然，B君属于有能力迅速改变的人，一旦她想清楚了自己真正想要的，就能够立即采取行动。而对于梦想生活与现实存在较大差距的朋友，建议可以通过接下来的"四象限"模型，一小步、一小步地朝着梦想生活逐步靠近。

▶ 整理人际关系的四象限模型

平衡整理的四象限模型不仅适用于物品整理，更能应用于那些抽象而深邃的领域，如人际关系的梳理与内心世界的探索。通过整理人际关系与整理内心，我们可以借鉴过往经验，结合梦想中的生活，形成适合当下的行动方案，逐步实现自己的梦想生活。

首先，我们可以用整理人际关系的四象限模型，来审视周边的人际关系。

整理人际关系的四象限模型

	有价值	
② 用心经营现存的"良好关系"		① 经营现存及建立新的"良好关系"
过去		未来
③ 放下、接纳"不良关系"		④ 放下不再需要的"不良关系"；改变"不良关系"，让其重新焕发意义
	无价值	

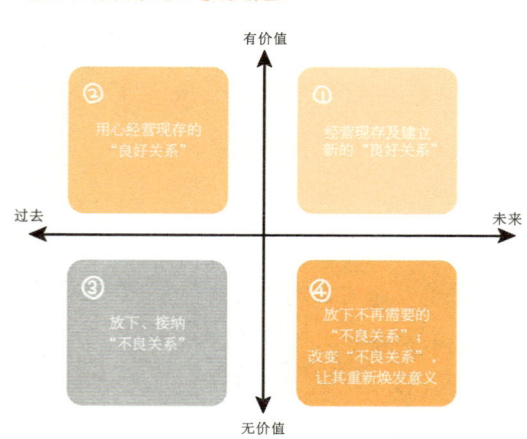

在整理人际关系的四象限模型中，横轴依然代表时间，纵轴则代表价值。价值用于分析某段人际关系是否能给我们带来进步、开心、舒适和安全感。这些正向关系即为"良好关系"。例如家人、挚友、公司里的正能量同事，他们在我们开心时分享快乐，在我们受挫时给予鼓励和支持。我们需要珍惜这些"良好关系"，因为这是我们的社会支持系统。我们的时间和能量应该大部分分配在这些"良好关系"上。这类"良好关系"我们把其分类在第二象限。

而那些对我们冷嘲热讽、让我们受到伤害或高攀不上的不对等关系，则需要"放下"。这些"不良关系"归类在第三象限。此类"不良关系"带来的负面情绪，往往是身体疾病和精神痛苦的根源。如果我们无法完全放下某段"不良关系"，则要学会"接纳"。这里的接纳并非屈从，而是一种超越的智慧。

知识点

接纳可以分为以下几个层次，来实现与"不良关系"的和解。

①理解对方

首先，试着站在对方的角度，用尊重和包容的方式，去理解对方的行为动机，与这段关系和解。或许通过这样的理解，这段关系可能重新焕发意义，甚至能进化为"良好关系"。

②过去与现在的分界

即使不能进化为"良好关系"，这段过去的"不良关系"也将被我们视为一种经历，成为过去的一部分，而不再对当下造成持续伤害。

③接纳自己的"不接纳"

最后，即使内心仍然残留愤恨等情绪，我们也要接纳自己的这种"不接纳"。因为人生往往不事事顺心，智慧的人会理解并接受"一切就是最好的安排"，从每一次挫折和不满中吸取教训和智慧，指导未来的行动。

我们还可以通过第一象限和第四象限来规划未来的人际关系。接下来，让我们闭上眼睛，深入冥想，描绘未来的愿景。在未来的蓝图中，除了第二象限的"良好关系"需要持续经营外，我们还可以思考希望建立哪些新的"良好关系"。例如，如果你是一个刚毕业的年轻人，可能需要多认识一些其他部门的同事，以便在公司中更好地协同工作；又或者，如果你有志于进军学术界，是否应该多参加学术聚会，结识一些学术界的泰斗人物？这些未来要保留和建立的"良好关系"，我们可以归类在第一象限。这些关系不仅能够丰富我们的社交网络，还能在关键时刻给予我们支持和帮助，推动我们迈向更高的台阶。

继续畅想未来，我们还要思考哪些关系是不再需要的"不良关系"。这种未来不再需要的"不良关系"可以归类在第四象限。它们不一定真正有害，但经过评估后，我们会发现这些关系并未为我们带来积极的影响，甚至可能耗费我们宝贵的时间和精力。

在评估人际关系时，我们要像断舍离物品一样，思考自己是否真正珍视这段关系。如果真的在乎，就需要付出热爱和努力去维护，但如果仅仅是酒肉朋友，到了某个年纪后，我们会逐渐发现，这些关系所消耗的时间成本，与其带来的收益并不成正比。因此，那些不再真正需要的关系，也应断舍离。我们应控制参与无聊应酬的时间，将更多的时间花在真正关心和在乎的人与事上，才能更有效地提升自己的生活质量和幸福感。

提醒大家，当我们利用平衡整理的四象限这一分类的思维工具时，最好在冥想的状态下进行，这样才能触达自己的潜意识，真正察觉到自己的内在需求，做出最适合自己的选择。

实践练习

来吧，让我们用整理人际关系的四象限模型，去与我们周边的人际关系"对话"吧！请大家按照自己的实际情况，试着完成下面这个分类图。

整理人际关系的四象限模型

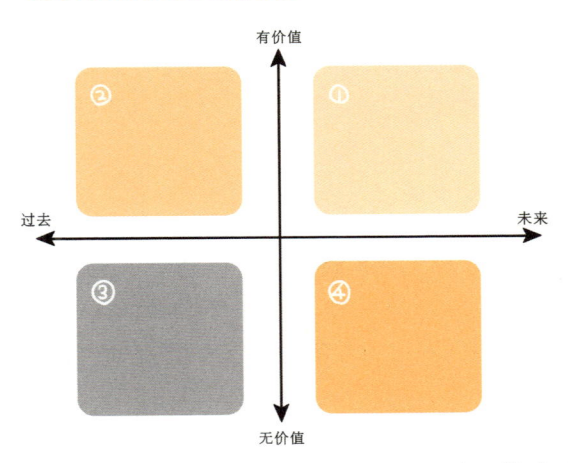

```
              有价值
       ②      │      ①
              │
   过去 ──────┼────── 未来
              │
       ③      │      ④
              │
              无价值
```

让我们看看学员 C 君是如何通过整理人际关系的四象限模型，梳理自己周边的人际关系，并察觉自己这些选择背后的原因。

整理人际关系的四象限模型示例

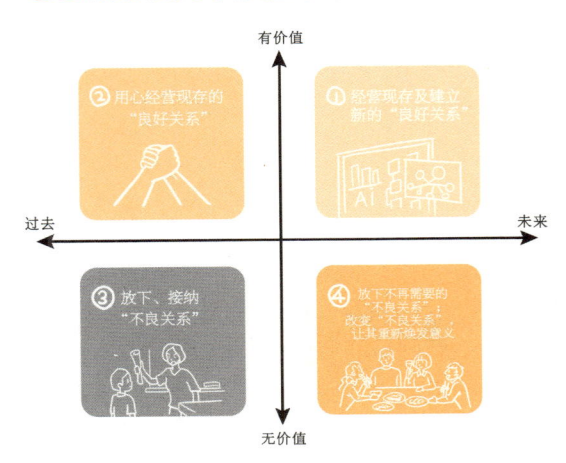

```
                   有价值
    ② 用心经营现存的    │   ① 经营现存及建立
       "良好关系"       │      新的"良好关系"
                       │
   过去 ───────────────┼─────────────── 未来
                       │
    ③ 放下、接纳       │   ④ 放下不再需要的
       "不良关系"       │      "不良关系"；
                       │      改变"不良关系"
                       │      让其重新焕发意义
                   无价值
```

象限二

◆ **属于过去，目前已经无法取得联系的"良好关系"：**

过去曾经帮助过他的"贵人"——他的生意启蒙老师，虽然远在国外而且已经失去联系，但内心依然记得他的启蒙之恩。

◆ **当下的"良好关系"：**

他的合伙人，全面负责其工厂业务，让他可以专心于销售领域和研发领域。

他的好朋友，虽然很少见面，但随时都能通过微信聊天，分享最新的状况，互相砥砺支持。

象限三

◆ **属于过去的"不良关系"：**

他的一个初中老师：这位老师曾经"歧视"他，导致他的自卑情结跟随了他多年。现在 C 君已经用事实证明，他是一个成功的商人，家庭也幸福美满。他已经不再需要记得这种轻蔑他的老师的"不良关系"，应该放下了。

◆ **属于当下的"不良关系"：**

他一个投资项目的合作伙伴：这个合作伙伴能言善辩，夸大其词，把一个并不怎么样的项目吹嘘得很好。事实证明这个投资是错误的。除了尽力回收这笔投资外，他以后要远离这个合作伙伴。而且遇到类似的人，也要提醒自己注意把控风险，更加理性地做投资，不能盲目轻信。

象限一

◆ **想象未来希望结交的"良好关系"：**

希望认识 AI 方面的人才，以便看看如何利用 AI 来帮助其产品的研发和设计。

象限四

◆ **想象未来不再需要的"不良关系"：**

他的同乡会"朋友"：在中国，乡亲文化十分盛行。过去，为了给"老乡"面子，他总是参加一些应酬。然而，大部分同乡会的人与他并没有相同的兴趣爱好。与其浪费时间在这些应酬上，不如把时间留给自己真正喜欢的人和事。

C君是一位事业有成的中年男性，是个工作狂。他尤其热衷于工作中具有创意的部分，例如产品研发。他会花大量时间研究国外的网站，了解潮流风尚，吸取新的创意。

C君的好朋友不算多，其中最好的一个朋友在国外。他们经常通过微信保持联系，分享近况，并在生活中互相支持。因此，C君把这位好朋友归入了第二象限。

在C君生活的城市里，他的朋友主要是一些"老乡"。然而，除了一起吃饭之外，C君与这些"老乡"并没有更多的交集，这显得有些浪费时间。因此，C君将这些"老乡"归入了第四象限，希望未来能减少与他们的交往时间。

C君的成长过程相对压抑，因为他小时候身体瘦小，经常被同学欺负。虽然他是个有创意的人，在课堂上愿意表现自己，但他的初中班主任老师经常打压他，甚至几次因为他举手提问太多而将他关在"小黑屋"里。这段经历严重打击了他的自信，使他在之后很长一段时间里不敢展现自己的创意和活力。这位初中的老师成了C君成长过程中的"不良关系"，他将这段关系归入了第三象限。

幸运的是，C君遇到了他的"贵人"。在C君刚毕业时，这位贵人洞察到他背后的才华，并在价格不占优势的情况下，仍然选择下单给C君，成就了他的第一笔订单。**贵人告诉C君"要珍惜自己"（Treasure yourself），让他重新认识到自己的价值。**借由贵人的点拨，C君逐渐明白，**唯有珍视自己，才能真正释放潜能。**他开始用心投入工作，通过不断努力，提升自己的能力和价值。同时，他也深刻领悟到，**自己的价值不仅仅在于自身的成功，更在于为客户创造价值，成就他人。**虽然在前几年失去了联系，但这个贵人对C君的帮助将永远铭刻在他心中。怀着深深的感恩，C君也在用同样的方法帮助年轻人,把爱传递下去。即使联系不上了,这位贵人仍被C君归入了第二象限。

C君热爱他的工作,尤其是新产品研发带来的满足感。随着AI技术的迅猛发展,C君深刻意识到,若不能及时利用AI进行产品研发,他所执掌的企业可能会被时代的洪流无情地淹没。因此,他希望能与AI+产品研发方面的杰出人才携手合作,借助他们的智慧和创意,提升企业的创新能力和效率。他将这些未来的合作伙伴视为无比珍贵的资源,放在第一象限,视为推动企业迈向未来的关键力量。

然而,C君目前面临一个重大问题:回收一笔投资款。四年前,基于对被投资人的信任和扩展商业版图的野心,C君投资了一家财务状况不佳的企业。经济放缓后,该企业最终资不抵债,宣布破产。虽然被投资人承诺还款,但何时兑现仍是未知数。C君对此非常后悔,把这位被投资人归入了第三象限。这一经验教训提醒他,未来的投资必须理性,不应基于欲望,必须进行完整的尽职调查,并验证被投资人的诚信。

通过冥想,C君完成了四象限模型分析。他发现"良好关系"的部分很自然,但"不良关系"部分却深深触动了他,尤其是那个初中时期的老师。他意识到这段关系曾严重压抑了他的生命力和创造力。幸运的是,他遇到了贵人,重新找回了自信,并明白了通过努力追求成功和幸福才是正道。

C君感谢这个练习带来的启示。他决定断舍离那些"老乡"关系,把时间和精力投入到有价值的人和事上。这个练习还提醒他,要立即寻找AI+产品研发方面的人才,并亲自学习AI技能,以吸引志同道合的人才。

> **知识点**
>
> 通过整理人际关系的四象限模型，我们在时间和价值的维度上构建了一种精妙的思维判断方式。这不仅帮助我们从过去的人际关系中洞察自己的价值观，明确谁是我们最珍视的人，更引导我们活在当下，与我们的社会支持系统友好相处，彼此增值，共创美好生活。
>
> 这种反思和整理使我们能够剖析出哪些人对我们最为重要，同时也理解哪些关系不再需要维持，从而释放出更多的时间和精力。对于过去的创伤，我们可以选择放下，或者接纳，释放那些不好的情绪，只留下能帮助我们未来成长的经验和教训。
>
> 最后，结合自己的"梦想生活时间表"，思考未来希望维系的有价值的人际关系，并付诸实践。通过这样的整理与展望，我们将未来的梦想、目标与当下的行动紧密结合，每天朝着理想的生活迈进一步。

▶ 整理内心的四象限模型

通过整理人际关系的四象限模型，我们已经理顺了"中环"，即与外部的人际关系。然而，归根结底，人最重要的是认识自己，理顺"内环"，即与自己的关系。人的一生，或许就是一个不断认识自我的过程。整理内心的四象限模型，帮助我们从过去、现在、未来的角度洞悉自我：我是谁？我从哪里来？我要到哪里去？哪些是我真正想要的？哪些是我应该放弃或改变的？

通过反思，我们可以审视过去和当下的自己，识别出自己的能力、优势和良好心态，并将其归类于第二象限。然后，思考在未来的工作、生活、学习中，如何增加和扩展这些能力、优势和良好心态，将其归类于第一象限。同时，我们也要审视过去和当下的自己，找出自己的弱势、负能量和不良心态，将其归类于第三象限。接着，思考未来，如何去掉这些不再需要的弱势、负能量和不良心态（第四象限）。

整理内心的四象限模型

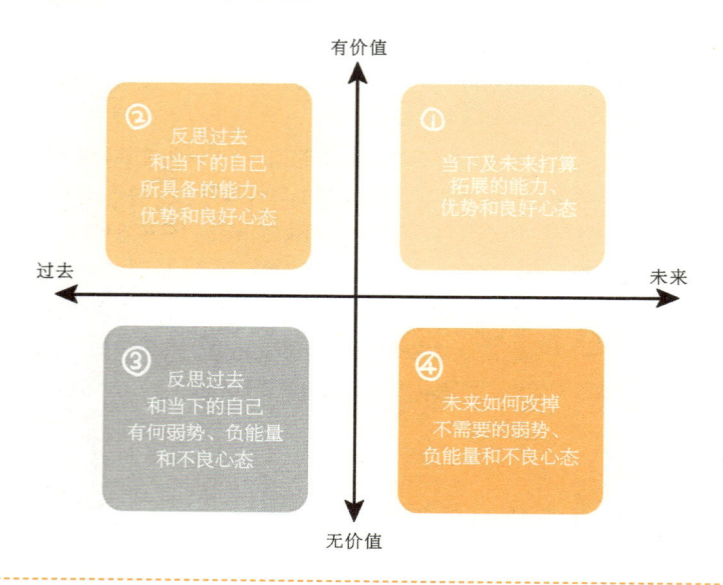

```
                          有价值
                            ↑
        ②                   │                ①
    反思过去                │           当下及未来打算
  和当下的自己              │            拓展的能力、
  所具备的能力、            │            优势和良好心态
  优势和良好心态            │
                            │
  过去 ←───────────────────┼───────────────────→ 未来
                            │
        ③                   │                ④
    反思过去                │           未来如何改掉
  和当下的自己              │           不需要的弱势、
  有何弱势、负能量          │           负能量和不良心态
    和不良心态              │
                            │
                            ↓
                          无价值
```

> 🎯 **实践练习**
> 请大家按照自己的实际情况，完成上述整理内心四象限模型的分类图。

以我自己为例：从小我就是学霸，学习成绩名列前茅。我把韧性和努力归入第二象限：因为我并非天资聪颖，往往笨鸟先飞，别人在玩的时候，我都在学习。然而，这种死记硬背的知识并非自己真正喜欢的，所以长大后，很多小时候学的知识都还给了老师。从大脑记忆的角度出发，我只是死记硬背，而不是真正喜欢一门学科，这些记忆只成为短期记忆，并没有形成长期记忆。因此，我将不正确的学习方法归入第三象限，因为这意味着我没有真正地按照自己的兴趣去学习。

借助分析我的过去，启发了我对未来的思考。我相信我能继续保留我的好品质——韧性和努力。认识我的朋友都说我很靠谱，这也是作为人的好品格，需要继续保留，我将其归入第一象限。

同时，我要放弃一些不喜欢的学科和学习内容。知道自己不擅长，就需要勇于放弃，接受自己的不完美。我需要减少第四象限的完美主义的绑架，才能减少焦虑。否则，完美主义的倾向会消耗我大量的精力。我应该接受万事万物本来的不完美状态，而不应追求事事完美。这种放松的状态正是我心驰神往的未来（第一象限）。

特别强调，一些不好的习惯或思维方式，如果暂时改变不了，例如对死亡的恐惧，可能还会继续存在于第四象限。我们需要学会接受它，与它和平共处，使其对我们身体能量的伤害最小化。

整理内心的四象限模型示例

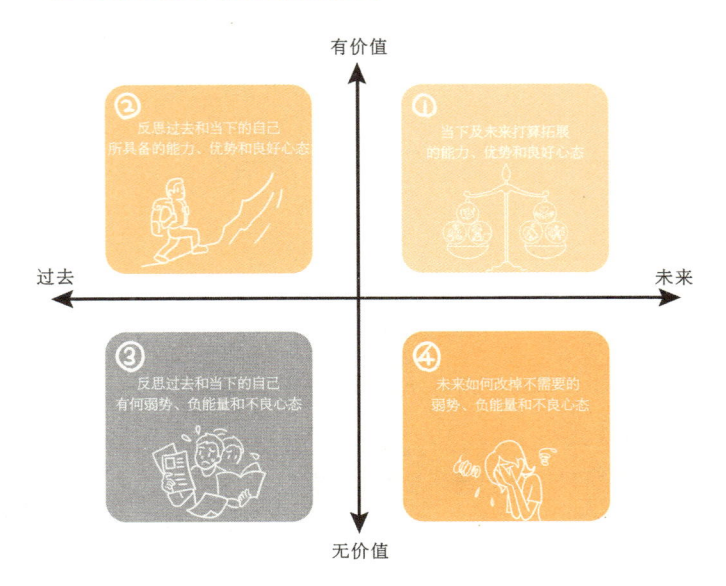

	有价值	
② 反思过去和当下的自己所具备的能力、优势和良好心态		① 当下及未来打算保留的能力、优势和良好心态
过去		未来
③ 反思过去和当下的自己有何弱势、负能量和不良心态		④ 未来如何改掉不需要的弱势、负能量和不良心态
	无价值	

> **知识点**
>
> 通过整理内心的四象限模型，我们得以剖析自我，揭示内心深处的真相。这一过程不仅让我们能够审视和延续过往的能力、优势和良好心态，将这些宝贵的品质融入当下的工作与生活，保持自我的内在力量，更让我们展望未来，明确期望培养的能力、优势和良好心态。
>
> 这种内心整理不仅是反思，更是对未来的规划。我们将通过接下来的"量尺问句"工具，将理想与现实的差距逐步弥合。这个工具将帮助我们在日常生活中不断建立和培养新的优势，使我们日益接近梦想生活的状态。

➤ 用"量尺问句"的工具丈量当下与未来的差距，以行动筑梦前行

"量尺问句"是心理学中焦点解决流派的一个重要工具。

> **知识点**
>
> 通过"量尺问句"，我们能够将那些模糊而抽象的想法与感受，转化为具体且可实现的目标。
>
> 这个工具不仅帮助我们丈量当下与未来的差距，还让我们清晰地看到这差距的核心所在，揭示出通往理想状态的路径。
>
> 参考《尊重与希望：焦点解决短期治疗》（作者：许维素，宁波出版社）

例如，我们可以用它来衡量自己的幸福感。幸福是一个抽象的概念，每个人对幸福的定义各不相同，但在某段时间内，每个人对幸福的标准相对一致。

"量尺问句"工具的操作步骤如下。

首先，问自己一个假设性的问题：假设幸福分为 10 个等级，请评估一下自己当下的幸福状态是多少分。

以学员 D 为例：

她对自己当前的幸福指数评估为 5 分。

进一步问她，为什么你给自己打了 5 分呢？

学员 D 回答："我刚毕业进入了一家电商企业，虽然专业对口，但我还需要适应环境，提高产出，实现自己的价值。"

接下来，问她希望未来的幸福指数能够达到多少分？

学员 D 回答："希望达到 8 分。"

然后，让她描述一下 8 分时的具体状态。

学员 D 回答："除了工作越来越顺利外，我希望能交个男朋友。毕竟我年龄不小了，回家时父母总是催婚。"

通过这样的"量尺问句"，我们能够察觉自己最希望达成的目标或希望改变的是什么，从而找到改变当下生活的发力点。

通过对比学员 D 当下幸福指数的得分与她理想状态下幸福指数的得分，我们发现她对于幸福的关键点在于填补感情方面的空缺。当我们意识到问题点时，行动往往就不再那么困难。

> **知识点**
>
> 寻找"例外"，发掘自己的能力和资源。
>
> 当你意识到问题点，却对如何解决问题感到困惑时，可以通过寻找"例外"来找到实现目标的最佳途径。这一步帮助我们发掘自己的能力和资源，使行动变得更加具体和可行。
>
> 参考《尊重与希望：焦点解决短期治疗》（作者：许维素，宁波出版社）

还是以学员 D 为例，她一直想找个男朋友，但却不知道如何具体行动。于是，我建议她结合"量尺问句"，来观察自己生活中的"例外"，看看她具备什么能力、资源和优势，以实现目标。

学员 D 比较腼腆，尽管知道父母希望她早点结婚，但她并没有主动去和异性交往，因此离这个"幸福"的目标还很远。

我问她，"你是所有的活动中都不愿意和异性交往吗？有没有什么例外的情况呢？"

学员 D 思考了一下，说："哦，有一次，在某次读书会中，我被一个男生的精彩发言所打动，所以我还主动加了那个男生的微信。"

我继续问她，"加了微信后，你们没有进一步交往吗？"

学员 D 腼腆地说，"嗯，加了微信，我不好意思直接约他。"

我引导她说，"如果加了微信后，你主动邀请那个男生出来继续聊那本书，你觉得他会愿意吗？"

学员 D 想了一下，说"他应该会同意的，当时加了微信，他还挺友好地打了招呼。"

我问她，"假设那个男生愿意和你出来继续聊书，你觉得你的'幸福'指数量尺会达到多少分？"

她回答："嗯，起码应该有 6 分，因为我勇敢地跨出了这一步，而不是矜持地被动等待幸福的降临。"

我鼓励她说，"太好了，心动不如马上行动吧。"

结果是，学员 D 真的约了那个男孩出来聊书。其实学员 D 的自身条件不错，可能也是因为条件太好了，反而让很多男生不敢主动追求。这次学员 D 主动邀请她喜欢的男生出来，聊他们共同感兴趣的话题。不久，他们就开始约会了。有一次我又见到学员 D，问她，"你的'幸福'量尺现在几分啦？"她很不好意思地回答，"嗯，快 8 分啦！"

(行动一小步)

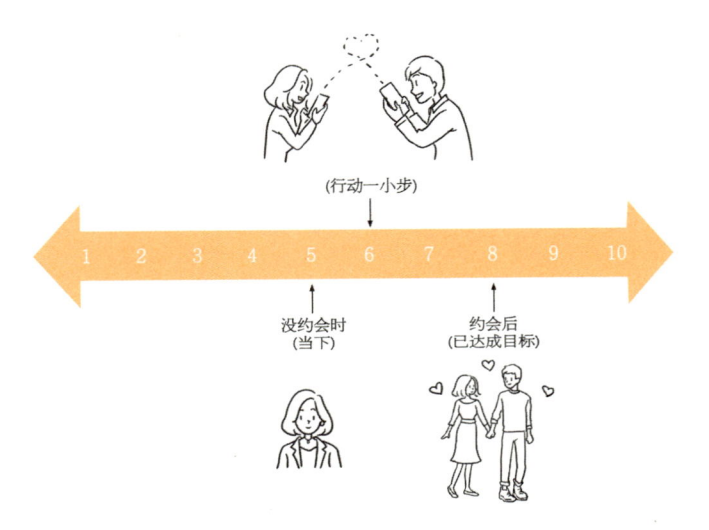

1 2 3 4 5 6 7 8 9 10

没约会时
(当下)

约会后
(已达成目标)

幸福指数的量尺

通过这个案例，我们看到了"寻找例外"方法的深刻有效性。当你遇到困境时，不妨静下心来，回忆那些曾经让你感到成功和愉悦的独特时刻。那些"例外"，往往就是你突破困境的钥匙，指引你找到前进的方向。

每个人都应该深刻地了解自己，通过整理内心的四象限模型，细致地分析自己的能力、优势和良好心态。然后，**借助"量尺问句"这一工具，仔细分析自己的"例外"，把对未来抽象的目标转化为具体、可实现的行动步骤。**通过这样的整理与实践，我们将一步步向自己的梦想生活靠近。

知识点

总之，无论是通过整理人际关系的四象限模型，还是通过整理内心的四象限模型，我们的最终目的在于深入剖析自己那百花齐放的过去，洞见自身的能力、资源和优势，进而在未来放大这些内在的力量。同时，我们要勇敢地反省那些令人烦恼的过往，以便在将来避免重蹈覆辙。

更重要的是，我们要学会不再为未来担忧和焦虑，接受生命本来的不确定性和不完美，脚踏实地，一步一步地前进。如此，我们才能将对未来的焦虑转化为一种强大的自我驱动力，朝着自己心驰神往的未来不断迈进。

（参考 Haesun Moon，多伦多大学焦点解决高效教练项目总监的观点）

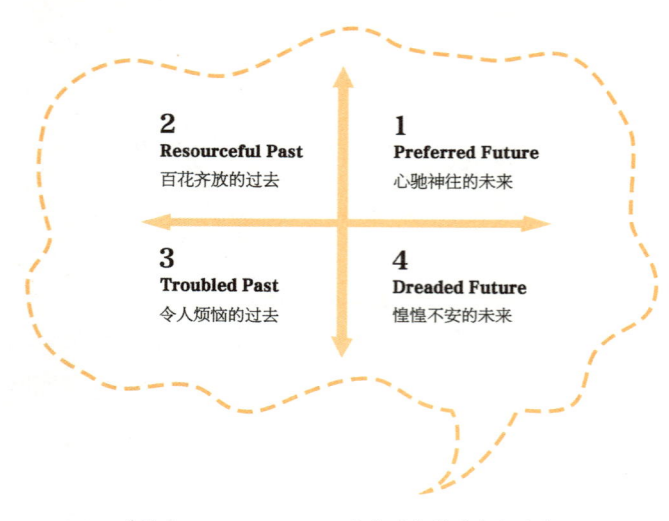

2
Resourceful Past
百花齐放的过去

1
Preferred Future
心驰神往的未来

3
Troubled Past
令人烦恼的过去

4
Dreaded Future
惶惶不安的未来

（引自：Haesun Moon，多伦多大学焦点解决高效教练项目总监，2019 年北美的焦点解决年会）

小结

平衡整理的四个象限实际上是一个深刻而简洁的思维框架。通过整理物品、整理人际关系和整理内心，它引导我们在纷繁复杂的日常生活中理清思路，明确自己真正需要什么样的人、事、物，以及什么样的人生才是自己最渴望的。

这个模型不仅让我们洞察过去的能力、资源和优势，并将它们复制和扩展，还教会我们如何避免过去的弱势、负能量和不良心态的重现。它引导我们一步步向前，朝着心驰神往的生活逐步靠近。

在这个过程中，我们不仅看见了真实的自己，也学会了如何在面对未来的不确定性和不完美时，保持一颗从容淡定的心。正是在这种平衡中，我们得以创造一个更加有序和谐的内外环境，真正活出理想的自我。

05　五步让你的人生不再迷茫

读到这里，我相信你们的心中已经燃起了准备迎接一场彻底的生活变革的激情。

接下来，请按照平衡整理的五个步骤，来整理你的人际关系和内心世界。从此，我们的人生由自己掌控，不再迷茫！

这五个步骤分别是定目标、去分析、做选择、采取行动、定期反省。让我们逐一深入，揭示其中的奥秘。

▶ 整理人际关系的五个步骤

平衡整理
——整理人际关系的五个步骤

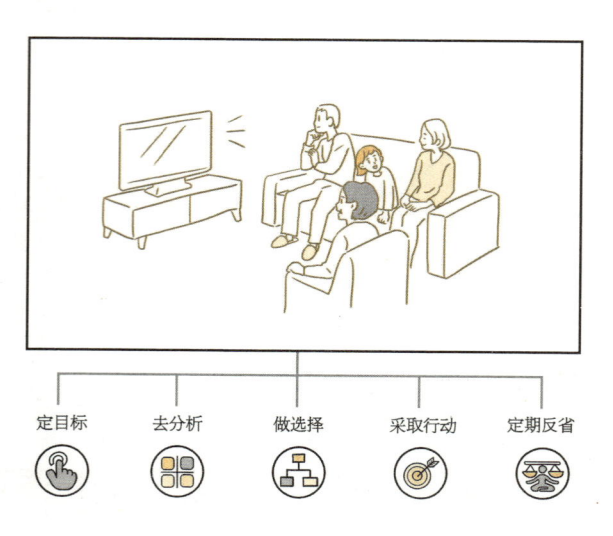

| 定目标 | 去分析 | 做选择 | 采取行动 | 定期反省 |

（1）定目标

如同整理物品一样，**在开始整理人际关系前，我们需要先制订一个明确的目标。** 我们可以参照前文中案例 C 君的方法，**全面盘点自己周遭的人际关系，也可以针对某段特定的人际关系或者人际关系中的某个问题来进行梳理。**

在日常生活中，面对纷繁复杂的关系，我们的大脑在喧闹的环境中做出的决策，往往会被各种欲望和杂念所干扰，可能并不真正符合我们的内在动机。这也是为什么很多人总会感到后悔和迷茫。为了找到真正的内在需求，我们可以借助冥想，**与自己的潜意识对话，搞清楚"冰山"下的真实意图。**

> **知识点**
>
> 通过冥想，大脑可以屏蔽外部世界的喧嚣与干扰。当杂念消散时，你的意识便能深入内在，更轻松地触及那最本真的"本我"，理解灵魂深处的真实需求。
>
> 大脑同样是一种空间。正如我们通过断舍离物品来腾出物理空间，通过冥想，我们也可以腾出"头脑空间"，让改变成为可能。
>
> *参考《简单冥想术》（作者：安迪·普迪科姆，电子工业出版社）*

请大家跟随图示步骤，开始冥想。如果需要具体的冥想引导语，可以参考前面关于冥想的内容。

① 找个舒服的位置坐下来
② 深呼吸
③ 全身扫描放松练习
④ 带着问题，与潜意识对话
⑤ 把注意力带回当下
⑥ 自由书写

冥想步骤图

其中的步骤4——"**带着问题，与潜意识对话**"：在冥想过程中，请带着问题，与自己的潜意识进行深度对话。以下是一些问题供参考：

什么样的关系能给你带来快乐？

是什么样的关系束缚了你的成长？

哪种关系让你困惑，甚至让你痛苦？

想象一下未来，你希望发展什么样的良好关系？

有什么关系，你觉得没有价值，希望减少这种交往？

请注意，你不需要在一次冥想中带着这么多的问题去与潜意识对话。可以选择一个问题，深入探索内心的真实想法。

> **知识点**
>
> 每次冥想时，我建议只带着一个问题，然后围绕这个问题展开"自由联想"。任凭思绪在脑海中自由游荡，无论它们多么琐碎、不合理，甚至不得体，都全然接纳，不做任何控制，允许它们在你的脑中闪现。
>
> 当你睁开眼睛后，把冥想时所联想到的情绪、感受和细节通过"自由书写"的形式记录下来。在记录时，放任自己的大脑自由驰骋，不控制、不批判、不修改，尽情地书写。
>
> 通过这种冥想状态下的自由联想和自由书写，往往能够深入潜意识，揭示出内心最真实的想法。
>
> 参考《人类才能及其发展的研究》[作者：弗朗西斯·高尔顿，麦克米伦出版社（Macmillan Publishers）]；《书写自愈力》（作者：周丽瑗，人民邮电出版社）

通过冥想，我们能够深入察觉自己在人际关系方面的真实意图并修正目标。当然，冥想只是明心见性的一种方式。静坐、内观、禅修等修行方法，都可以帮助我们摆脱外在的干扰，把心思集中在当下，打开内在智慧，明确目标，不再迷茫，找到人生的方向。

（2）去分析

明确了整理人际关系的目标后，接下来，我们要进行第二个步骤：去分析。正如在具象整理物品时的第二个步骤"去分类"一样：我们要把所有的物品集中在一起，然后将同类项合并。抽象整理也是如此，我们要把周遭的人际关系，或某段关系的方方面面都梳理清楚，然后对这些关系中有价值和无价值的点进行分析和判断，才能为下一步的选择做好准备。

如果是针对周边的人际关系进行全面梳理，那么在冥想后，我们可以真实地感受到哪些是"良好关系"、哪些是"不良关系"。**依照整理人际关系的四象限模型，我们可以将这些人际关系分类放在不同的象限中**（具体可参照前文学员 C 君的案例）。

过去的"良好关系"，归类于第二象限；

过去的"不良关系"，归类于第三象限；

憧憬未来要保留和建立的"良好关系"，归类于第一象限；

未来不再需要的"不良关系"，归类于第四象限。

通过这样的分析和分类，我们能够清晰地看见自己的人际关系网络，洞察哪些关系需要继续维护和发展，哪些关系需要减少甚至断舍离。

如果只是针对某段人际关系做梳理，尤其当你对这段关系感到困惑，无法明确地将其划分为"良好关系"或"不良关系"时，可以将这段关系中的"有价值的点"和"无价值的点"进行区分，然后将其对应放入四象限内。通过这种方法，我们能够更清晰地理清这段关系的本质，从而做出更加明智的选择。

来看学员 E 君的例子：她是一位正值豆蔻年华的美丽少女，在国外读大学，远离家乡，多少有点孤单。这时候，他出现了，他比 E

君大挺多，已经有了稳定且高收入的工作。他发挥了他的成熟魅力，在 E 君孤单的时候陪伴她，为 E 君提供了情绪价值。虽然起初 E 君觉得他年纪有点大，不愿意确定关系，但最后还是"屈服了"。然而，他是个比较"花心"的人，也不能给 E 君太多的承诺。当 E 君在暑假期间回国时，他们就分手了。但回到国外，E 君孤独的时候，他们又和好了。如此反复了几次。

E 君很痛苦，来找我给她建议。我让她先展开冥想，问清楚自己"为什么这段关系让我痛苦？"冥想时让自己沉浸在与他在一起的情境中，让大脑中出现的想法、念头、情绪自由地涌现出来。

冥想结束后，通过与她的对话，我帮助她把这段关系通过四象限厘清（实际上，冥想时展开的自由联想和自由书写，就如同与我们的内在"真我"对话。这样，即便没有咨询师的帮助，我们也能更理解内心的真实想法，从而可以更清晰地去分析和做选择）。

整理人际关系的四象限模型示例

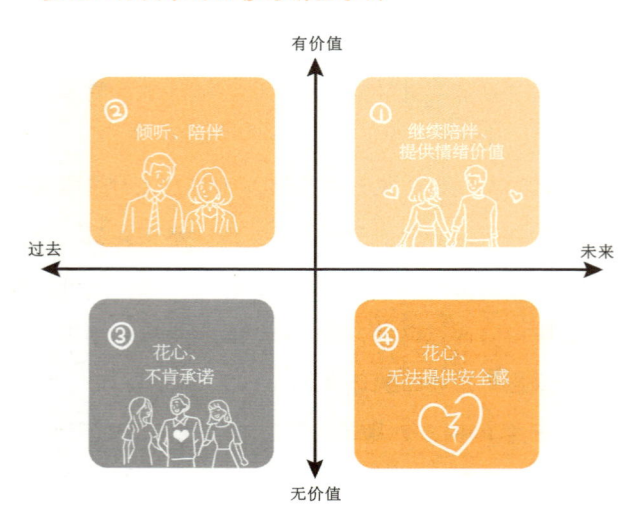

	过去	未来
有价值	② 倾听、陪伴	① 继续陪伴、提供情绪价值
无价值	③ 花心、不肯承诺	④ 花心、无法提供安全感

◆**象限二：这段关系中"有价值"的部分**

他能很好地倾听E君；

在E君孤独的时候，能陪伴她。

◆**象限三：这段关系中"无价值"的部分**

他的"花心"，而且已经不止一次了；

他不想承诺；

年龄稍有点大。

◆**象限一：展望未来，这段关系中"有价值"的部分**

他能继续陪伴E君，提供情绪价值。

◆**象限四：展望未来，这段关系中"无价值"的部分**

他的"花心"不会改变，因为已经不止一次了；

年龄较大，依然不愿意承诺，无法提供安全感。

接下来，我让E君**结合"量尺问句"，把她对这段关系的情绪值进行量化。**

我问E君："你觉得现在这段关系，是多少分？"

E君回答："4分。"

我问E君："为什么才4分？"

E君回答："因为他很花心，我暑假回国才两个月，就听我朋友说了他很多花边新闻。"

我问E君："你现在觉得这段关系才4分，但是你一直断断续续地维持这段关系，主要原因是什么？"

E君回答："因为我孤独的时候，需要一个人陪。"

我问E君："那你觉得，他能改变他花心的状态吗？"

E君很不甘心地回答："不能，已经不止一次了。"

我问E君："你觉得孤独的时候，有其他朋友陪伴你吗？"

E君回答："有，我有几个同性朋友，经常帮助我。我和他有问题时，她们就会来陪伴我。"

我再问E君："你觉得未来你们的关系有可能达到8分吗？"

E君回答："哎，不可能呀。即使某个时点达到了8分，感情还是会反复出问题，分值还是会降下来的。"

通过这种分析过程，E君已经自己觉察到了答案。

（3）做选择

当我们对周边的人际关系进行了深入分析后，接下来就要做出选择。针对每一种人际关系，我们无非面临以下几种选择。

一是更多地投入： 我们应该把有限的时间和精力，更多地用于发展和维护第一象限和第二象限的"良好关系"，因为这些让你快乐、成长的"良好关系"是你的社会资源。你要珍惜他们，并且给他们回馈更多的感恩和爱。

二是放下： 那些让你痛苦、不舒服的"不良关系"，如果不是你能力范围内能改变的，请放下它。例如前文E君的例子，她的男友屡次花心不改，她就不应该再维系这段感情，长痛不如短痛。

三是改变： 如果某段关系虽然有其不良的一面，但是出于某种原因你不能放下，请去改变。例如，如果那些束缚了你成长，让你困惑的关系是来自你的直系亲属，那么，你应该与他们真诚地对话，用前文介绍的"一致性表达"方法来沟通，让他们了解你的真实情感，去打开心结。

四是"暂时存放"： 如果你对于那些自己并不喜欢、也没有创造价值的人际关系犹豫不决，可以将这些关系"暂时存放"。也就是说，减少这方面的人际交往与互动，看看你是会变得更开心，还是会遭遇某种不良后果。如果过了一段时间，这种变化对你没有任何影响，甚至你已经忘却这段关系了，说明你其实已经放下了。

例如，一些酒肉朋友，除了"勒索"你的时间和精力外，对你并无帮助，这样的人际关系，可能就需要你做出选择，是放下，还是起码减少交往。一个很好的判断标准是，如果有人邀请你去一个饭局，后来他来电说取消了，这时候如果你感到开心，说明这样的饭局你以后可以尽量少去，因为这根本不会令你愉悦。你可能只是基于情面，不好意思说不。然而，敢于说不，敢于做选择，才能让你获得真正的自由，做真实的自我。

（4）采取行动

做选择实际上就是明确了行动的方向。接下来，我们要果断行动，不再彷徨！

例如，对于"不良关系"，我们应采取行动，保护自己的主权。罗宾·斯特恩在《煤气灯效应》[1]中描述了一些隐性控制的关系，这种关系会发生在伴侣、父母、兄弟姐妹、朋友、同事之间。比如，网上有个案例，一个北大女生因为不断被她男友贬低，最后吞药导致脑死亡。这样的悲剧之所以发生，是因为那些身处扭曲关系中的人，自己都无法识别出被操纵的行为。典型的煤气灯操纵者会经常贬低你，或者对你进行冷暴力。所以我们需要识别这种"不良关系"：当操纵者扭曲事实时，我们需要告诉操纵者，"你说的不是真相，我不想争辩，我只想保留自己的意见。"一个人只有勇于面对真实的自我，看清周边人际关系的真相，才敢于做选择，并采取行动去改变"不良关系"。只有这样，我们才能越来越阳光。

对于我们未来希望建立的"良好关系"，也应采取积极行动。比

---

[1] 罗宾·斯特恩.《煤气灯效应》，中信出版集团。

如前文中学员 D 君的例子，她希望有个男朋友，那么见到心仪的对象，就不应该守株待兔。而是要去掉虚伪的矜持，该表达的时候就表达，以便让自己的梦想尽快实现。

前文中的"量尺问句"工具，可以很好地帮助我们丈量现实与未来的差距，然后针对这种差距，制订具体的行动计划，一小步、一小步地逐步提高量尺的分值，朝着理想的目标前进。

（5）定期反省

古人早已教导我们要定期反省。《论语·学而》中曾子曰："吾日三省吾身：为人谋而不忠乎？与朋友交而不信乎？传不习乎？"这不仅是对个人修养的要求，也是对人际关系的深刻洞察。

我们不仅需要定期反省自己，还要定期反省自己与周边的人际关系；不仅要做好自己，还要修缮周遭的人际关系，让人生更为圆融。**而对于身边的一些"垃圾人"，我们也要鼓起勇气说不，才能真正做自己人生的主宰。**

🎯 **实践练习**

请大家开始整理人际关系的练习吧。以下是具体的步骤。

步骤 1：定目标

整理人际关系需要明确目标，可以借助冥想来弄清楚自己的真实意图。

请参照书中的冥想引导语，找一个安静的角落，闭上双眼，深深地呼吸，感受每一次吸气和呼气带来的宁静，让自己逐渐放松下来。想一个最困惑你的人际关系方面的问题，展开自由联想。

接下来，把你在这段人际关系的情境下所联想到的所有念头、情绪、感受用自由书写的方式记录下来。通常在书写的过程中，你会慢慢地发现自己到底如何看待这段关系。

步骤 2：去分析

请把这段关系的"有价值的点""无价值的点"分别归入整理人际关系

的四象限中。

步骤3和步骤4：做选择、采取行动

根据你对这段关系的分析，请做出你的选择：决定到底是更多地投入、放下、改变，还是暂时存放。

然后，立即实施你的决定。不要犹豫，果断地迈出这一步，将内心的决断化为实际的行动。

步骤5：定期反省

过一段时间后，自查一下这个选择是否让你受益，还是需要继续调整。经过这种动态循环，相信你就能梳理清楚"中环"，理清自己与周边的人际关系。

▶ 整理内心的五个步骤

与整理人际关系一样，整理内心的五个步骤分别是：定目标、去分析、做选择、采取行动和定期反省。

平衡整理
——整理内心的五个步骤

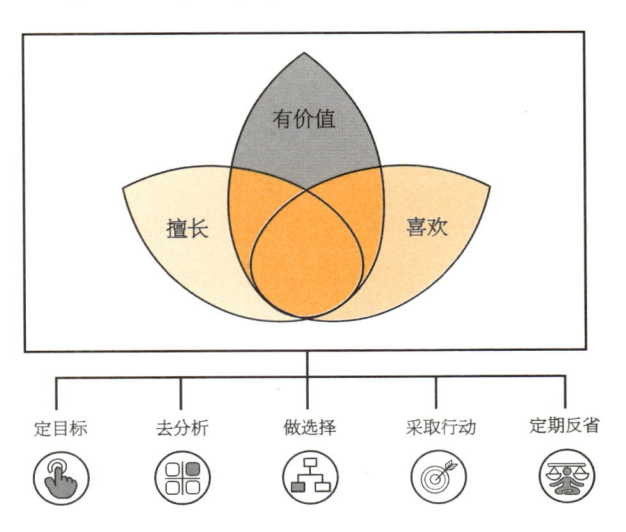

有价值　擅长　喜欢

定目标　去分析　做选择　采取行动　定期反省

（1）定目标

首先，整理内心也需要制订整理的目标。我们可以参照整理内心四象限中的案例，全面盘点自己的优势和劣势；也可以针对内心纠结的某个具体问题进行梳理。

同样，我们可以借助冥想，来弄清楚自己的真实意图，从而明确目标。下面请大家跟随冥想步骤图示，开始冥想。

其中的步骤4——"带着问题，与潜意识对话"：在冥想过程中，请带着问题，与自己的潜意识进行深度对话。以下是一些问题供参考。

回忆过去，你的底层动力是什么？

到目前为止，你最大的成就是什么？你是如何达成的？

如果可以重来，你最希望改变什么？你需要具备什么能力，来实现这种改变？

你内心最大的困惑是什么？

你理想的生活是什么样子的？

你对未来的恐惧或者焦虑是什么？

一般来说，每次冥想时只带着一个问题，然后在这个问题的情境下展开"自由联想"和"自由书写"，与潜意识对话，探索内心的真实想法。

当我们想象未来的理想生活时，要尽可能细致地在头脑里展现这种理想生活的具体细节。这样，当我们发现理想生活和现实之间的差距时，就能找到行动的方向和具体目标。

（2）去分析

明确了整理内心的目标后，接下来，我们要进行第二个步骤：去分析。正如在整理物品时需要分类一样，抽象的内心整理也要求我们对自身的情绪、动机、愿望等进行分类和分析。随后，将这些内容放

入整理内心的四象限模型中:

第二象限:将自己的能力、优势和良好心态归于此处。这些是我们已经具备的积极品质,需要在未来继续保持和发扬光大。

第三象限:将自己的弱势、负能量和不良心态归于此处。这些是我们需要改进或克服的方面,是前进道路上的障碍。

第一象限:希望未来在工作、生活、学习中增加和扩展的能力、优势和良好心态。这些是我们的目标和愿望,是我们奋斗的方向。

第四象限:不再需要的弱势、负能量和不良心态。这些是我们需要放下和改变的部分,以便通向理想的生活。

通过这种分类和分析,我们能够更加清晰地认识自己,明确哪些方面需要加强,哪些方面需要改变,从而做出明智的选择,并制订出更有效的行动计划。

去分析

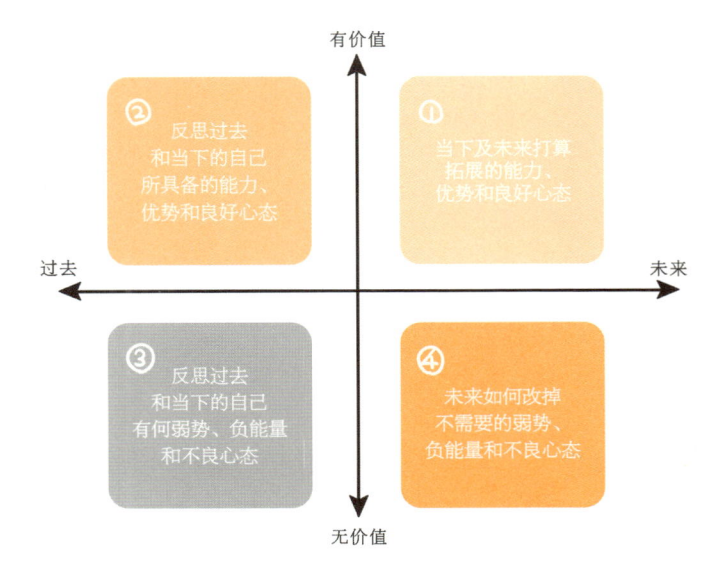

```
                    有价值
                      ↑
    ②                 |              ①
  反思过去              |           当下及未来打算
  和当下的自己           |           拓展的能力、
  所具备的能力、         |           优势和良好心态
  优势和良好心态         |
                      |
  过去 ─────────────────┼───────────────── 未来
                      |
    ③                 |              ④
  反思过去              |           未来如何改掉
  和当下的自己           |           不需要的弱势、
  有何弱势、负能量       |           负能量和不良心态
  和不良心态            |
                      ↓
                    无价值
```

让我们来看一下 F 君的例子。F 君是我的朋友，这次整理内心的目标是对他的前半生进行梳理，并为他的后半生指引方向。

F 君是一名事业成功的中年男性，企业已经成功上市。然而，虽身处这荣耀的顶峰，我却发现他愁眉不展。于是，我与他展开了一场深入的对话，内容如下。

我："恭喜你呀！在如此恶劣的经济环境下，你的企业竟然成功上市！可你怎么愁眉苦脸的？"

F 君："是呀，企业终于上市了，过去这么多年，每天像上了发条一样拼命工作，也算是值得了吧。"

我："是呀，过去你除了工作就是工作，工作就是你人生的全部了。"

F 君："就像爬山一样，为了攀登高峰，做了各种准备和努力。现在已经登顶了，却不知道下一步该干什么了。"

我："继续把你的企业做大做强呀，这也是你企业上市后的责任。"

F 君："但我最近好像有点迷茫，不知道下一步的努力方向。"

我："你在前半生通过不懈的努力，终于将企业推上了上市的巅峰。或许你认为这是你人生中最大的成就。然而，现在面对未来的生活，你却陷入了迷茫？"

F 君（无奈）："是的。"

我："也许，你可以尝试冥想，想象一下你理想中的未来生活是什么样子的？"

在我的引导下，F 君进入了冥想。

冥想后：

F 君："我理想的生活，仿佛看见了孔子给他学生上课的场景。"

我："你可以再仔细描述一下你理想生活的场景吗？"

F君："在理想生活的场景下，我精神上很享受，我似乎没有了当下肩头上的压力和重担。相反，我看到学生们那种求知若渴的表情，貌似才真正地体悟到人生的意义。"

我："哦。咱们来梳理一下，也就是说，你觉得相比于物质追求，当下的你更需要的是精神层面的满足，对吗？"

F君："是的。因为我认为对物质的追求是无止境的。企业上市之后，我该追求什么呢？最终，这些物质的东西都是无法带走的。"

我："我很好奇，你在冥想中为何会想象到一个如同孔子授课的场景？"

F君："哈哈。其实孔子一直是我最敬佩的人。他是万世师表，他教过的学生也人才辈出。我在企业里也一直亲自担任内训师，希望将我的经验传递给年轻一代。"

我："哇，太棒啦！看来，在现实生活中，你已经迈出了通向理想生活的第一步。那么，你觉得若要真正实现你理想中的授课场景，还需要具备什么能力？"

F君："嗯，目前我虽然在企业里担任内训师，但听众有限。而且我并没有系统地将过去的管理经验理论化、体系化。或许，我应该先进行系统地提炼，然后借助新媒体平台，把我的知识和经验传播出去。"

我："太好了！看来，去实现你的理想生活，你已经有了方法论！孔子圣人当年弟子三千，如今在互联网时代，一个好的视频传播率就能超过10万+，影响无数的人！"

F君（面露喜色）："嘿嘿，是呀。这样我就能结合企业管理的经验，不仅仅帮助到自己的企业，也能帮助到更多的年轻人！"

通过冥想与对话，F君将内心的四象限整理如下。

整理内心的四象限模型示例

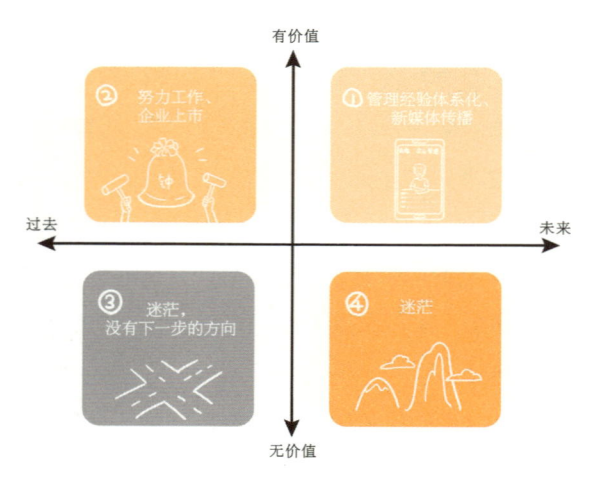

```
                    有价值
                      ↑
    ② 努力工作、        ① 管理经验体系化、
       企业上市            新媒体传播

过去 ←─────────────────────────→ 未来

    ③ 迷茫，            ④ 迷茫
       没有下一步的方向
                      ↓
                    无价值
```

◆ **象限二：能力、优势和良好心态**

勤奋，在工作中非常努力，成功带领企业上市；

有丰富的企业管理经验；

愿意培养年轻人。

◆ **象限三：弱势、负能量和不良心态**

企业上市后比较迷茫，失去了下一步的方向。

◆ **象限一：未来要保持和拓展的能力、优势和良好心态**

勤奋、努力；

把企业管理经验理论化、体系化；

学习新媒体传播的知识，培养这方面的能力，影响更多的人。

◆ **象限四：不再需要的弱势、负能量和不良心态**

迷茫：人生就是在不停地攀登，到达了某个顶峰不是结束，还有更多的山峰在前方。不要迷茫，去为下一个目标积极行动。

通过这种整理和反思，F君不仅看清了自己的优势和潜力，还明确了未来的方向和目标。他从中得到了启示，决定积极行动，将企业管理的经验通过新媒体分享给更多的人，实现他精神上的追求。

（3）做选择

事实上，每个人每天平均要做出大约 35 000 个选择。然而，大部分选择是依赖经验和直觉，即"快系统"来完成的。只有在面对复杂问题或重大决策时，大脑才会启动"慢系统"来进行深入分析和权衡❶。整理内心四象限模型的分析和分类步骤，正是要激活"慢系统"，让我们能够静心细致地剖析问题，洞察自己真实的需求，并按照当下需求的重要性进行排序，从而做出最适合自己的选择。

去做：那些能增加自己能力、优势和良好心态的事情。

> **知识点**
>
> 一个人实现最大价值的关键，是专注于那些他擅长、喜欢并且有价值的事情。在"三叶草模型"中，三个圈的重叠之处，正是一个人最应该为此付出时间和能量的地方。
>
> 参考《你的生命有什么可能》（作者：古典，湖南文艺出版社）

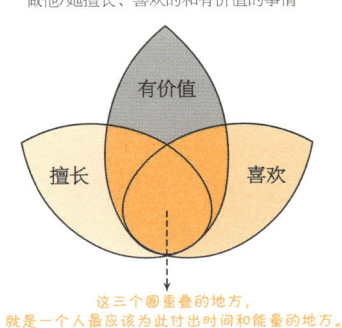

做他/她擅长、喜欢的和有价值的事情

这三个圈重叠的地方，
就是一个人最应该为此付出时间和能量的地方。

本图参考了图书《你的生命有什么可能》（作者：古典，湖南文艺出版社）

---

❶ 丹尼尔·卡尼曼.《思考，快与慢》，中信出版社。

不做：不喜欢、无意义、不创造价值的事情。

如果你在某些方面并不特别擅长，而且不做这些事情不会让你有所损失，那么你需要果断地放弃这些事情。也就是说，不要用传统的短板理论拼命补短板。**在当今物质和信息过剩的年代，选择不做什么，更是一种智慧！**

去改变：改变坏毛病、坏习惯。

识别出那些阻碍你成长的习惯和行为模式，积极去改变它们。比如，戒掉拖延症，培养自律的生活方式。

去培养：积极心态、好习惯。

每天花些时间，练习感恩、冥想、阅读等，培养有益的生活习惯。这些积极的心态和好习惯，会为你的生活注入更多正能量。

我们每个人都不可能成为完美的人，我们的选择也不存在所谓"最好的选择"。与其迷茫、没有方向，不如按照整理内心的步骤，明确自己的目标，做详尽的分析后，做出最符合自己当下需求的选择。然后，**勇敢面对选择后的结果，对自己的选择负责！**

（4）采取行动

做出选择后，就有了明确的行动方向。接下来，我们就要采取具体的行动。

选择了要做的事情：全力以赴，强化自己的能力、优势和良好心态。无论是学习新技能，还是培养新的兴趣爱好，都要用心去做，持之以恒。

选择了要放弃的事情：不要瞻前顾后，犹豫不决。果断放弃那些不再适合自己的事情，为自己腾出时间和空间，去追求更有价值的目标。

改变坏毛病、坏习惯：积极行动，纠正那些阻碍你成长的坏习惯。例如，戒掉熬夜的习惯，养成早睡早起的作息习惯。

培养积极心态、好习惯：通过反复的积极心理暗示，甚至是"自我催眠"来形成新的思维模式。

> **知识点**
>
> 美国著名心理学家威廉·詹姆斯曾言道："形成或改变一个习惯只需要 21 天。"这揭示了大脑修建新神经通道的奥秘。经过 21 天的反复练习，便能形成稳定的习惯。
>
> 让我们行动起来，通过 21 天的刻意练习，去纠正坏习惯，并养成新的、充满力量的好习惯。记住，这不仅仅是改变行为的过程，更是对自我意志力的试炼与超越。勇敢地迎接挑战，彻底打破旧有的桎梏，重塑一个更为卓越的自我。

以整理收纳为例，住在一个干净整洁的房间里，对人的心情会产生很多积极的影响。而我们常常找理由，太忙、没空，就不去收拾我们的家。其实，通过参加**整理生活学院的线上家居整理训练营**，边听课边动手，就能把家里的每个角落都整理一遍，还原一个美好的家。

关键是，**通过 21 天的强化练习，这种整理收纳的好习惯一旦养成，它将内化到你的大脑中，家里的空间想复乱都不容易了。**

通过刻意练习，可以培养好习惯。同样地，也可以通过反复的积极心理暗示来培养积极的心态。

> **知识点**
>
> 心理学家巴甫洛夫认为，暗示乃人类最简单、最典型的条件反射。当你不断地对自己说："我是可以的！我能行！我有信心"，你的人生便会愈加积极与充满力量。因为我们每日大部分的行为，皆由潜意识——"快系统"来决定。通过不断重复的积极自我暗示，我们就能够重新编码潜意识，塑造出一个更强大的自我。
>
> 利用睡眠前的黄金时段进行"自我催眠"尤为有效。每天当你入睡前，

意识脑（即"慢系统"）的活动会逐渐减弱，大脑进入塞塔波（Theta 波），也被称为"受暗示波"。此时，你可以一边听着冥想音乐，一边进入冥想状态，想象你理想生活中的图景，并通过心理暗示，培养良好心态，助力目标实现。通过这种反复的积极心理暗示，我们可以重塑潜意识，改变思维模式。当潜意识改变了，现实生活也会随之改变，最终让梦想成为现实。

参考《潜意识操控术：训练更厉害的自己》（作者：哈利·卡本特，华文出版社）

行动，是改变的开始。每一次努力，每一次坚持，都会让你离理想的生活更近一步。让我们勇敢地迈出第一步，持续地走下去，用行动去实现心中的梦想。

（5）定期反省

即使我们已经强化了自己的能力和优势，放弃了不能产生价值的事情，修正了坏习惯，培养了好习惯和积极心态，我们依然需要定期反省自己。正如诗人海涅所言："反省是一面镜子，它能将我们的错误清清楚楚地照出来，使我们有改正的机会，及时地理清自己。"

通过定期反省，我们追逐内心，深刻领悟当下真正向往的生活。在这不断的自我探寻中，通过刻意练习和自我暗示，我们调整心智模式和行为模式，将心中的憧憬化成现实。

实践练习

请大家开始整理内心的练习吧。

步骤1：定目标

整理内心需要明确目标，可以借助冥想来弄清楚自己的真实意图。

请参照书中的冥想引导语，找一个安静的角落，闭上双眼，深深地呼吸，感受每一次吸气和呼气带来的宁静，让自己逐渐放松下来。想象一个你最想改变的领域，展开自由联想。

当你结束冥想，缓缓睁开眼睛，拿起笔，进入自由书写的状态，将刚才冥想中所浮现出来的所有想法、情绪和感受尽情记录。让你的思维放飞，不去控制、不去批判、也不去修改，任由内心的声音自由流淌在纸上。通过这种冥想状态下的自由联想和自由书写，我们能够深入潜意识，探索出内心最真实的想法。

步骤2：利用整理内心的四象限模型去分析

看看为了要达成想要的改变，你目前具备哪些"能力、优势和良好心态"？还需要培养哪些能力、优势和良好心态？哪些"弱势、负能量和不良心态"需要被改变？

步骤3和步骤4：做选择、采取行动

按照需求的重要性排序，做出最适合你当下的选择，并付诸行动。

选择要做的事情：用心地去做，强化自己的能力、优势和良好心态；

选择要放弃的事情：果断决绝，勇敢地放弃那些不再适合自己的事情；

改变坏毛病、坏习惯：积极行动，去改变那些阻碍你成长的坏习惯；

培养积极心态、好习惯：通过反复的积极心理暗示，甚至是"自我催眠"，来形成新的思维模式。

步骤5：定期反省

过一段时间后，你可以自查，看看你对当下的状态是否满意，是否仍然需要继续调整。通过这种动态循环，相信你就能梳理清楚"内环"，厘清与自己的关系！

小结

　　整理内心的五个步骤，每一步都是对自我的深入探寻和精细雕琢。在冥想中，我们倾听内心深处的声音，揭示潜藏的真实渴望；在分析时，我们辨别出自身的长处和短板，明确哪些需要强化，哪些需要摒弃；在选择时，我们以智慧为引导，决定该全力追求的梦想和该放手的负担；在行动中，我们坚定不移地迈出每一步，逐步积累，逐步改变；在反省时，我们不断调整，确保自己始终行走在正确的道路上。

　　总之，平衡整理的方法论，涵盖了一个中心、两个层面、三个维度、四个象限、五个步骤。

　　从道的层面，我们始终要遵循的核心原则便是"需要和有用"（有价值），从而适度地整理。这样的整理不仅涉及物品，还涵盖人际关系和内心的层面。

　　从法的层面，平衡整理阐明了如何平衡人、物、空间和人、事、时间。通过四象限模型，对理物、理人、理心进行分类，清晰地辨识出什么才是自己真正想要的人、事、物。

　　从术的层面，讲述了理物、理人、理心实践的五个具体步骤。

　　通过这些系统的方法，我们不仅能在有限的时间和空间里，活出自己最想要的人生，还能在不断地自我探索与整理中，达到内环（人与自己）、中环（人与他人）、外环（人与物）的动态平衡。

5

平衡整理,让我们的人生觉醒

通过以上内容的阐述，相信大家已经掌握了平衡整理的核心观点，那就是要了解自己，知道什么是自己所需要的及有用的，且符合适度、平衡的原则。平衡整理的五步法则中，前四个法则从各个角度，穿越时空，并通过深入潜意识等方法帮助我们看清自己；第五个法则的付诸行动，则通过在日常生活中整理物品、整理人际关系及整理内心，不断地强化整理思维，从而做出选择——保留最重要的、去掉不必要的，并保持动态平衡，来重新构建更适合自己的生活方式。

为了循序渐进地逐层介绍，本书前面的几部分是把理物、理人、理心拆开来逐一分析。而接下来的整合篇，我希望能带领大家整合上述理念，去看见和重构，去整合内外、协调阴阳，从而活出最适合自己的、幸福的生命状态。

01 透过整理看见真实的自己

▶整合运用平衡整理法则中"看见"之法

整理与心理学，真可谓异曲同工之妙。心理学通过咨询师的引导，帮助来访者看见自己、看见关系，通过反思和行动，重构自己的生活。而整理亦然，家庭中的物品如同一个大沙盘，映射出主人的内心世界以及家庭成员之间的关系。掌握了整理的思维，我们便能从日常的熟视无睹中觉醒，看见真实的自我，看见家庭的关系。许多内心的压抑和情绪，一旦被看见，便已得到了一半的解脱。通过进一步地反省和调整，我们便能重新构建美好的生活。

> **知识点**
>
> 整理的本质，就是看见和重构的过程。整理首先在于看见，平衡整理的五步法则中，前四个法则都旨在更好地看见：看见物品、看见周边的人际关系、看见自己。然后，才能按照自身的需求，重新建构更适合自己的生活方式。

平衡整理的第一个法则——"一个中心"，是为了看见自己真正的需要和什么是对我们有价值的。

在"一个中心"的法则中，介绍了许多"看见"的方法。例如，我们可以借助马斯洛需求层次理论，看见自己真正需要的是什么，明确哪个层次的需要对自己来说最重要：是生理的需要、安全的需要，还是社交的需要？是尊重的需要、认知的需要，还是审美的需要？抑或是"自我实现"的需要？

整理物品，本身就是一种看见自我的方法。因为物品是内心的投射，通过整理物品，我们可以探索内在的渴望；通过整理房间，可以看见家庭的权力秩序；通过整理，我们能够"去伪存真"，只保留那些真正需要的物品，把时间和精力放在自己最珍惜的人和事上。明白这一点，我们就能看清自己的人生观和价值观。明确了自己天秤的中心，我们的人生便不会偏航。

平衡整理的第二个法则——"两个层面"，是为了看见自己所确定的"一个中心"，是否处于舒适、平衡的状态。

当我们察觉到这个中心"过"了——无论是家里的物品，还是需要处理的人际关系，或者需要做的事情，都应该主动地做减法；反之，如果"缺"了，就做加法。只有当我们的"一个中心"处于不偏不倚、不过不及时，生活的状态才会最舒适、最长久。

平衡整理的第三个法则——"三个维度"，是为了在时间及空间

的维度下看见我们是否处于"人、物、空间"及"人、事、时间"的动态平衡状态。

每个人都是某一个时空背景下的产物。在一定的时空条件的限制下，我们将自己的时间、金钱和能量花在最重要的人、事、物上，从而最合理地利用时间和空间，最大化某一个时间段或者某一个空间的价值。

同时，我们要学会察觉自己、觉察周边的人际关系和周围环境的变化。任何一个维度变化了，我们就要动态调整，以达到新的平衡。

平衡整理的第四个法则——"四个象限"，是通过看见自己的过去，从中洞察自己所拥有的能力、资源和优势，并展望未来看见希望。

我们可以从过去看见自己的能力、优势和良好心态，以及从社会支持系统中所获得的支撑和力量，然后展望未来，明确自己真正需要什么，什么样的人生才是自己渴望的。通过"量尺问句"的工具，仔细分析自己的"例外"，将对未来抽象的目标转化为具体、可实现的行动步骤。

在这些法则的运用中，**平衡整理强调整合理性、感性和灵性的调和：**对于平时偏理性的人，应该多运用感性和灵性的方法：例如，冥想，与潜意识沟通，洞见"冰山下"的自己；而平时偏感性的人，则需要适当地启用理性大脑的分析模式，不能一切仅凭感觉。对于重大决策，可以通过决策树、整理四象限模型等工具来仔细分析利弊，做出最适合自己的选择。

即使是那些自己暂时看不清楚，当下无法决定的事物：包括不能确定是否该扔的衣服，不知道是否继续维系的人际关系，或是一份如同"鸡肋"般食之无味、弃之可惜的工作，我们可以把这些人、事、物"暂存"在一个虚拟的保管箱。经过一段时间后，再观察自己内心的变化，并在清晰地认知自己内心的好恶后，做出决定。这样一来，我们便不会后悔，也不会浪费宝贵的时间和精力在不必要的人、事、物上。

▶借助"乔哈里窗"，开启多维之镜，更全面地看见自己

通过平衡整理的法则，我们看见了三环之间的关系：内环（与自己）、中环（与他人）及外环（与物质）。然而，每个人都有其认知盲区，会被各种限制性信念所阻碍。如果单纯从自身的角度出发，往往看得不够全面。

> **知识点**
>
> 借助心理学家鲁夫特与英格汉提出的"乔哈里窗"（Johari Window）这一工具，我们可以以他人为镜，发现自己的盲区与黑洞，从而更全面地看见自己。
>
> "乔哈里窗"根据自我认知与他人对自己的认知之间的差异，把人的内在划分为四个区域：
>
> 自己知道、他人也知道的区域称为"公众我"；
>
> 他人知道、但自己不知道的区域称为"盲目我"；
>
> 自己知道、他人不知道的区域称为"隐藏我"；
>
> 自己不知道、他人也不知道的区域称为"未知我"。
>
> 参考《乔哈里窗沟通法：深层沟通的心理学途径》（作者：齐忠玉，中国电力出版社）

乔哈里窗（Johari Window）

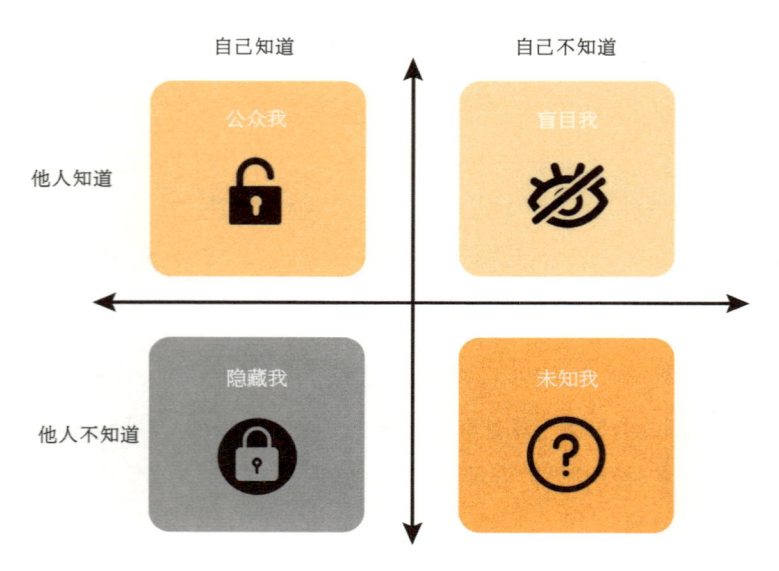

	自己知道	自己不知道
他人知道	公众我 🔓	盲目我
他人不知道	隐藏我 🔒	未知我 ❓

本图参考了图书《乔哈里窗沟通法：深层沟通的心理学途径》
（作者：齐忠玉，中国电力出版社）

具体来说，"公众我"指那些自己知道，他人也知道的部分，例如，个人的一些公开信息，包括性别、外貌、职业、工作生活所在地等，以及个人外显的特征，如爱好、成就等。这部分内容是我们在日常生活中自然展现的，是我们希望他人认识到的自己。

"隐藏我"指那些自己知道而他人不知道的部分，比如，隐私、个人秘密，以及那些不愿意或不能让他人知道的事实或心理，包括缺点、往事、疾患、愧疚等。

这部分"隐藏我"的形成，往往是因为人们只想展现"想要的自我"或者"应该的自我"的一面给他人，以便得到社会的认可。而对于"厌恶的自我"或者"不应该的自我"的那一面，却选择了隐藏。

然而，如果这部分"隐藏我"的区域很大，就会使人难以真诚地与外界交流，会活得很累。因此，我们应该尽量减少这部分区域，并且通过觉察"隐藏我"形成的原因，洞察自己到底想隐藏什么、担心什么、恐惧什么，从而更深入地了解自我。

"盲目我"指那些他人知道但自己不知道的部分，所谓**"当局者迷，旁观者清"**。这部分可能是我们的优点，也可能是缺点。当我们与他人打交道时，可以以他人为镜，觉察自己原来没有意识到的部分。

比如，在日常生活中，每当与他人意见不一致时，我们通常会习惯性地反驳他人，尤其当他人批评自己时，如果我们生气了，往往就代表他人说中了我们的缺点，但我们自己却不愿意承认。

"未知我"指自己和他人都不知道的部分，通常是潜意识层面那未知的自己，例如一些有待挖掘的潜能或特性。

以我自己为例，在人生的上半场，我觉得努力学习和工作是人生的唯一使命。直到后来，我察觉到，为什么我总会羡慕那些能疯狂玩耍的人，觉得他们很潇洒？这才发现自己也有去体验极限运动、去冒险的欲望。我才知道，原来那个爱玩、爱旅行、爱体验的我，一直存在，只是被我压抑在"冰山"下面，而那个只会学习和工作的"呆板的我"，只是我其中的一个"相"，并非完整的自我。

人生中的很多枷锁，都是自己加给自己的限制性信念，或者是被成长年代的集体意识所限制，导致自己活在了各种框框里，创造力也会受限。 只有突破了这些枷锁，释放了天性，才能重启自己的原始生命力，生命才能越活越多姿多彩。

当我们尽量缩小了"隐藏我""盲目我"和"未知我"的区域，

以他人为镜，才能更全面地看见自己，成为一个完整的人，才有机会自我突破和持续成长。

▶ 看见的三个阶段——看山是山、看山不是山、看山又是山

通过平衡整理法则中的"看见"之法，我们得以多维度地审视自己，并借助"乔哈里窗"以他人为镜，更全面地自省。如此一来，我们便能从"看山是山"到"看山不是山"，再到"看山又是山"的三个阶段中逐步进化，最终看见自己的本来面目。

看见的第一个阶段是"看山是山"。在此阶段，大部分人对自我和周遭人、事、物的认知停留在"眼见为实"的初级阶段。他们的视野被主观判断、生活习性和刻板印象所限制，看不到人、事、物的本质，也无法了解自我或他人的真实需要。就如同站在山脚下，只能看到眼前的树木，却无法窥见整座山的轮廓。

看见的第二个阶段是"看山不是山"。当我们开始用眼睛背后的头脑去思考，并通过冥想等方法开启灵性之光，便能借助整理，从平常的熟视无睹中觉醒，看见物品背后所反映的真实自我及家庭关系的本质。通过去除冗余，专注于本质需求，我们便能更深刻地理解自我和他人。

与此同时，以他人为镜，觉察"隐藏我""盲目我"和"未知我"的那些区域，不再给自己设限，以为自己就只有一种"相"。孔子说得好："君子不器"。当我们不再局限于自有的认知里，欣赏不同的声音，突破知见障，此时的我们，就已经不再是过去的我们，而是有了全新的可能。

看见的第三个阶段是"看山又是山"。经过了第二阶段的深入洞察和觉醒，我们看到了自己不同的"相"及不同层次的需求。那些被隐藏在冰山下面的"我"，其实一直都在，只不过未被我们自己所知，也未被他人所见。当我们敢于面对及承认自己有光明的一面也有黑暗的一面时，不再抗拒，而是接纳完整的自我，我们便能真正看见自己的本来面目。

在这个阶段，当我们重新站在山前，看见的不仅仅是山的外貌，而是山的灵魂。我们全心全意地爱自己，接纳自己的全部，真正活出幸福的状态。

▶ 看见的终极目标——观自在、见本心

当代著名作家林清玄说过："觉悟就是学习看见我的心。"在古代，甲骨文的"观"字描绘的是一只鸟瞪大眼睛在观察。鸟飞得很高，从高空俯瞰，拥有全局视角，还可以自由变换位置和角度。这种观察象征着一种既有高度又有全局观的视角。

当我们修炼到"看山又是山"的阶段，我们就如同那只鸟一样，自由地翱翔在人世间。不再受束缚和限制，我们可以从容地观察自我和世间的人、事、物，接近"观自在、见本心"的自由自在、开悟的状态。

小结

我特别欣赏国学教授吕世浩的一句话:"自问自答,自证自知,自求自得,自性自度。"这句话揭示了深刻的人生哲理:勇敢地质问自己,回答自己,证实自己,了解自己,追求自己,获取自己,凭借自性的力量度过人生的每一个难关。

人生,就是一个不断认识自我的过程。只有我们自己最清楚自己真正渴望的是什么。每一步路、每一个选择,都共同编织成了当下的我们。

当我们看见了自己的本来面目,内心的选择便不再被外界干扰。我们不会因他人的评判而动摇,不会因外界的风雨而烦恼。那时的我们,心中澄澈如镜,不后悔、不纠结,坚定地走向未来的人生道路。

02　重新整理你的人生

▶人生就是一个不断重新构建的过程

美国心理学家威廉·格拉瑟曾言[1]：人们惧怕选择，往往是因为他们尚未洞悉自身真正的渴望，所以他们常常在以错误的方式满足需求。然而，当一个人明确知道自己真正想要什么，便能回顾并评估过往和现在所采取的行动是否有效，进而重新规划，做出明智之选。

实则，人生是发现自我与重建理想生活之过程。 最初，"重构"源自计算机领域，意思指专业人士检查并优化程序，使其更为高效。此概念被引入心理学，意味着咨询师在理解来访者的需求后，协助其改变思维模式和行为模式的过程。

整理，亦是一种"重构"。通过整理物品的"五个步骤"——定目标、去分类、做选择、去收纳、保持动态平衡，我们可以重构生活环境。相应地，通过整理人际关系和内心的"五个步骤"——定目标、去分析、做选择、采取行动、定期反省，我们亦能重构人际关系和精神世界。人生，正是在这不断地自我审视与重建中，走向真实与卓越。

---

[1] 威廉·格拉瑟.《选择理论》，江西人民出版社。

▶ 平衡整理"重构"的方式

前文已详尽描述理物、理人、理心的重构方式。**从整合的角度来看，平衡整理的"重构"之法便是整合内外、平衡阴阳。**

（1）整合内外，协调物质世界和精神世界

首先，平衡整理的"重构"在于整合内外，协调外环、中环与内环，使我们的物质世界与精神世界达到和谐平衡。这三个环如同一个球：外层为可见之物质，中间为人际关系，内核为内心。当物质过剩时，尽管球外表看似完好，内在却空虚，球便失去弹性；而当内心足够强大时，球便因拥有内在的力量而前行；但若内心过于膨胀，忽视他人，球也容易破裂。

因此，我们要时刻观察这三环是否平衡。若失衡，便需运用前文介绍的空间管理、时间管理和能量管理等方法，进行加法或减法——增加需要的、有用的、令人愉悦的、有价值的部分；去除冗余的、限制的、无价值的部分，来重构新的平衡。

我们要观察居所，物品的"进"与"出"是否平衡？是否满足了人、物、空间的动态平衡。在物欲横流的当代社会，唯有在物质世界里做减法，才能腾出时间和精力去发展精神世界。

我们要观察人际关系的"进"与"出"是否平衡。审视"进"——我们获得了什么？要感恩那些帮助过我们的人。反省"出"——我们是否帮助了他人？唯有施与受平衡了，中环才处于健康的状态。

我们要观察精神世界是否平衡。可以通过平衡内在的阴性能量和阳性能量，达到内心的和谐。**一般而言，"阳性"能量积极，强调创造、改变和突破；"阴性"能量柔和，强调顺势而为，帮助我们放松。**

当觉察缺乏某种能量时，就去补充它；而若某种能量过多时，则需释放多余的能量，达到阴阳平衡。

（2）平衡阴阳，协调内在能量

中华文化的核心理念在于阴阳哲学，其平衡的智慧体现在《易经》的"一阴一阳之谓道"的核心易理中，即宇宙万物（包括人类）皆由阴阳二气构成，阴阳二气相互转化、相辅相成。

因此，平衡整理"重构"中至关重要的一步，就是体察我们生命的状态。如果"阴气"过盛，则需补充阳性的能量；反之亦然。唯有阴阳平衡，方能保持生命的活力与健康。

★ 利用"阳性"的能量，去创造：

当我们处于能量较低或行动力不足的状态时，可以借助"阳性"能量来提升创造力，突破自我，实现心中的梦想。关键在于积极行动，逐步改变，积小胜为大胜，积跬步至千里。

● 方法1——积极的心理暗示

前文提到的积极的心理暗示，是一种有效的方法，通过积极地调用信念系统来调频，对齐显意识和潜意识，从而形成强大的能量。可以尝试每天早晨默默地向"宇宙下订单"，投掷自己的愿望。

我活在丰盛的宇宙中，吸引我想要的正能量。

我充满爱、喜悦、好奇心、灵感和感恩；

我内心充满自信和安全感；

我爱现在的自己，也爱未来的自己；

我有能力创造我想要的生活；

我专注于我喜爱的人、事、物，并将其吸引到身边；

我通过努力，创造我想要的实相；

只要我用心去做，我就能做到，也一定会做到；

我要让自己变得与众不同。

……

每个人都可以根据自己的需求投掷愿望。这些愿望可以是渴望的一种精神状态，也可以是具体的目标。重要的是要将大目标分解为切实可行的小目标。**当我们不断用积极的心理暗示强化信念系统时，潜能便能得到释放，并通过现实生活中的实践和努力，将意识转化为现实。**

当然，尽人事、听天命。拥有意图并付诸努力行动，即使结果不尽人意，也无妨。只要保持积极心态，做好自己能做的部分即可。每天都是新的一天，拥抱新的明天，又是崭新的机会。

● 方法 2——寻找"梦想成真的迹象"

在本书的第 4 章，我提到了如何绘制"梦想生活时间表"，以帮助我们构思理想生活的样子；或者通过整理内心的四象限模型，用想象力描绘出象限一中"心驰神往的未来"。在现实生活中，我们应积极寻找这些"梦想成真的迹象"，并记录下来。在这个过程中，我们或许会惊喜地发现，某些与梦想相关的迹象已经在当前的生活中显现。梦想已然在实现的道路上，自身也会因此更有动力。

此外，在寻找梦想成真的迹象过程中，我们会更加清晰地看到自己的能力、资源和优势，更明确努力的方向。这将为未来如何继续扩大这种优势，提供良好的指引。

● 方法 3——用积极的心态来"转化"问题和困难

传统的心理学流派，如精神分析，常过于关注问题和困难，导致分析师需要耗费大量时间探讨来访者的童年创伤，试图挖掘心理问题的根源。然而，我更欣赏焦点解决的心理学流派，它善于用积极心态转化问题和困难，从而在较短时间内帮助来访者。

焦点解决的哲学观深受中国阴阳平衡思想的影响，从太极图中获得启发。太极图中的黑色部分象征人身上负面的部分，如问题和困难；白色部分则象征积极部分，如能力、资源、优势和所向往的未来。**当我们将焦点放在白色部分，即关注积极部分时，就能转化视角，从问题中看到期待，从"例外"中看到能力和资源。这样，黑色部分的问题和困难便能迎刃而解。**

"太极图"——焦点解决的哲学观

本图参考图书《焦点解决短期心理治疗的应用》（作者：许维素，世界图书出版公司）

在日常生活中，我们可以借鉴这种方法，用积极的心态来转化问题和困难。例如，如果太太经常抱怨丈夫不回家，其效果往往适得其反。反之，若太太以转化的语境表达出她的期待："我期待我们能有更多的时间在一起，你可以每周安排几个晚上在家吃饭吗？"即使丈夫再忙也会尽量抽空回家，从而改善夫妻关系。

同样，在新媒体时代下，如果你希望成为某个领域的自媒体达人，但又担心自己没有能力，那么，你应关注过程中是否有"例外"——观察你在发布视频时,是否有哪条短视频特别受欢迎,播放率和转播率特别高?并观察在这些"例外"中,你做对了什么?有哪些有效的解决方案和成功的经验?当你用积极的心态去关注这些成功之处时,你就能进一步扩大自己的能力、资源和优势,从而找到处理问题的方法。

每个人的生命都不可避免地会遭遇挫折和伤害,有些伤害甚至会伴随我们终生。然而,这并不影响我们去拥抱幸福阳光的生活。**当我们调整看事情的角度,用积极的心态转化问题和困难时,问题就变成了重构的目标,在"例外"中就能找到我们的能力、资源和优势**。我们就可以更加充满希望地去编写属于自己的生命篇章。

● 方法 4——打破惯性思维,创造无限可能

我们要勇于打破惯性思维,无论我们是什么角色,从事什么行业,永远不要限制自己,以为生命只有一种可能。当我们跳出固有思维,保持好奇心,人生才会有突破和惊喜,才能创造无限的可能。

我们应学会采纳曾被自己否定的事物来补全自己,不能只看到自己想看的,或只理解自己想理解的。通过从持有不同观念的人那里吸收营养,把原来割舍的信念补充进来,就能形成更高一级的信念,提升思维和格局,成就更有智慧的自己。

又如,当一个企业做大了,企业内部会形成稳固的结构,反而影响推行新理念或引进新人。解决办法就是打破这种惯性,重新修订规章和流程,以满足新环境下的要求,让系统再次流动起来。只有不断调整和适应,企业才能在变化中保持活力。

甚至,连生活态度和生活方式也可以被打破和重构:一个人可以从"囤物症"转变为"极简主义";可以从"理性"到"感性",再从"感性"到"灵性",一步步蜕变和绽放;可以从"谨小慎微,踌

踬纠结"到"肆意分享，不畏评判"；也可以从"小心翼翼的乖乖女"到"中年叛逆，活出反面个性"。这些变化看似从一个极端走到另一个极端，但其实也是一种平衡。在变化过程中，人格得以拓宽，生活不再压抑，生命最终回到不偏不倚的平衡状态。

总之，**阳性的能量是积极的、充满创造力的，它鼓励我们去创造、改变和突破，实现心中的梦想。**

★ 利用"阴性"的能量，去放下：

一个人只拥有阳性的能量是不完整的，因为孤阴不生，独阳不长。只有阴阳能量调和了，才能长久。例如，每天拼命工作的企业家或那些已经过度消耗自己能量的完美主义者，需要补充阴性能量，以平衡自己。

健康状态的阴性能量是柔软、包容、承载、舒缓、懂得退让的能量。以下是一些增加阴性能量的方法，供大家参考。

● **方法 1——放下**

当代社会中充满了各种竞争和压力，许多人会有肩膀疼痛等亚健康反应。实际上，这是身体在向我们发出求救信号。如果我们对过多的人、事、物不舍得放下，担子就会变得过重，身体也会因此不堪重负。

人生如同一场旅行。在旅途中，我们必须学会放下那些曾经遭遇的不幸、挫折、失败和痛苦。只有这样，我们才能腾出心灵的空间，去感受生活的美好。能够举得起又放得下的是举重，举得起却放不下的只是负重。

我们不仅要学会放下包袱和不喜欢的人、事、物（整理人际关系四象限模型中的第三象限和第四象限），甚至还要学会"放下想要的人、事、物"。

有一次,一位老师提醒我,他说:"你的身体怎么这么紧?"说实话,我原来身体的感知力较差,根本没有意识到身体的紧张。直至后来学习国学、心理学后,才发现身体往往比头脑更早地反映出生命的状态。长期追求完美,执着于成功与进步,以及对已经拥有的人、事、物的执着,这种种放不下,导致了我的焦虑情绪,造成了身体的紧张,甚至引发了一些健康问题。

所以,我们应该保持生活的松弛感,去"放下我执"。这里的"放下",是指放下对结果的期待。不要对结果有所期待,否则就会对结果的落差产生情绪。 在这个世界上,没有任何物品或人是属于你的,包括你目前拥有的全部物品、你的孩子、你的伴侣,甚至连"我"都只是一个过客,我们这辈子都只是在"借假修真"。因此,我们应该保持良好的心态,尽人事,听天命。当我们放下执念,对结果保持平常心,接受一切就是"最好的安排"时,反而更能珍惜当下!

● **方法2——爱,而不是控制**

最好的关系,其本质都是爱,是无条件地接纳,而不是控制。例如,在对待孩子时,我们应当去欣赏孩子,而不是去控制他们。作为父母,不要用内卷去伤害孩子,而应该帮助孩子发现其天赋才华,实现他们人生的使命。

同样地,对待伴侣,我们也应该用爱和信任来维系关系,而不是控制。一段好的关系,就是彼此了解对方,接受对方的优点、缺点,以及他背后的一切。当我们尊重自己,也尊重他人,保持良好的疆界,并用爱的频率去温暖家庭时,家才是最幸福的。相反,如果你不信任而试图控制对方,对方反而越想摆脱,因为这就是人性。

● **方法 3——接纳**

首先，接纳自己。

不要太在意他人的评价，也不要总是评判自己不够优秀，从而自我否定。我们要：

接纳自己的不完美，敢于袒露自己的不足，允许自己犯错；

接纳自己，有敢于被别人讨厌的勇气。不必讨好他人，而是筛选更适合自己的社交圈层。 不要因为害怕被讨厌，就以他人的好恶来调整自己的选择。

其次，接纳他人。

在与他人打交道时，我们总想用自己的标准来要求他人。其实，不要指望去改变他人。我们能做到的只是改变自己。

再次，接纳情绪。

当你因某事或与某人产生情绪时，接纳这种情绪，并用正念的方法，去觉察情绪背后的感觉。正念的方法❶是结合呼吸，把注意力集中在当下，对当下一切不做任何判断和反应，只是单纯地觉察这些情绪。当你接纳了这些情绪，而不是企图控制或赶走它们，情绪便得以流动，其带来的压力或者负面影响也会越来越小。

最后，接纳当下发生的一切，包括接纳那些你无法改变的事情或状况。

接纳，是对不愿面对的问题有真实面对的勇气，然后采取行动，去改变那些可以改变的部分。

接纳当下，就是既往不恋，当下不杂，未来不迎。活好每个当下，才是人生的大智慧。

---

❶ 卡巴金.《此刻是一枝花》，文汇出版社。

总之，阴性的能量，是帮助我们去放下、去包容、去顺势而为。

在中国传统文化里：

儒家代表阳性的能量，是加法，是"知其不可为而为之"，代表着开拓、进取、责任、坚守和创造；

道家则代表阴性的能量，是减法，是"知其不可为则不为"，强调顺势而为，把力量放在力所能及的事情上，不该管的别管，不要拼命做力所不能及的事情。只做自己擅长的事情，把时间和精力花在最重要的人身上，这样，人生就会减少损耗。

小结

在生命的旅程中，我们依据不同的阶段，选择最适合我们的生活方式。我们掌握着生命的"主权"，时刻洞察自己，看清自己的状态，并有能力调整自己的频率，协调内在的阴阳能量。我们勇敢地与外界沟通，表达真实的自我，使内外不再对立冲突，而是达到合一的状态。这时候，我们可以实现自我的完善，与外界和谐相处，与各种关系共生共荣，和谐地生活在天地之间。

通过平衡整理的看见和重构，我们从外而内地逐层整理，再从内向外地展现平衡的秩序。这一过程指引着我们通往幸福之路。

03 人生的意义在于体验和创造
——践行平衡整理，通往幸福之路

➤ 何谓幸福

每个人的人生路径各不相同。例如，崇尚儒家思想的人可能将立功立德立言视为人生的终极目标。在这样的选择下，他们大概率会不停地做加法，努力拼搏，自强不息。平衡整理推崇的是偏向道家的生活方式，把幸福视为人生的终极目标：当我们看见自己，重构更适合自己的生活方式时，家中的物品是我们所喜欢的，生命中的人也是我们所喜欢的，我们也在做自己喜欢且擅长的事情，自然而然地创造价值。我们的状态将会是自在的、轻松的、喜悦的，这种幸福的能量将会散发出去，影响更多的人。

幸福是一种主观感受，如人饮水，冷暖自知。幸福与一个人的满足度有关，知足者常乐。当一个人不贪心，只选择那些适合自己的，便会感到心满意足。

当你践行了平衡整理的生活方式，或许，你会体会到以下生命中的幸福状态。

幸福，是承认事实，把不幸福的东西去掉，过你认为幸福的生活；

幸福，不在于拥有更多东西，而在于拥有的每一件东西都能让你感到快乐；

幸福，是自我认可，不需要外在物质装饰自己，也不依赖他人的评价来获得自信；

幸福，来自不攀附与自己不匹配的关系，而是链接真正喜欢你、关心你的人；

幸福，是找到生命中最重要的事情，集中时间和精力，在这些事情上取得进展，创造价值，帮助他人；

幸福，是找到让你感受到内在喜悦的事，显现天赋才华，绽放生命的光芒；

幸福，是带着热情，深深投入每个角色，用心演绎每一个角色；

幸福，是既能追求世俗的成功，也不忘探索内在的心灵：你可以一边用物品的沙盘了解自己和家人，一边用冥想与潜意识沟通，一边用正念书写表达内心情绪。这样的人，是身心灵合一的。对外表现的我，就是内在真实的我，没有扭曲、不虚假；

幸福，是理性、感性与灵性的协调统一，既能用逻辑和理性分析判断，又有强大的直觉和同理心，还能通过潜意识与内在的自我链接；

幸福，是接纳和允许，接纳自己的不完美，也不试图控制他人——把自己交给自己，他人还给他人；

幸福，是庄子所形容的"人生的三重境界——不滞于物、不困于心、不乱于人"：不会被外在物质所束缚，也不会被内心情感所困扰，同时也不受他人影响；

幸福，是你的生命能量充盈，自然感染周边的人。只有先让自己幸福，才能带给他人幸福；

幸福，是在每个当下做到最好，等待而不期待，照亮而不逼迫，以生命影响生命，以灵魂感动灵魂；

幸福，是小我和大我的和谐统一，不被禁锢在小我里，而是拥有大我心态，与周边人群乃至更广阔的宇宙合一；

幸福，是有勇气和自由的，身体可以戴着镣铐跳舞，心灵要插上自由的翅膀；

幸福，是用庄子《逍遥游》中游戏的心态来过好一生，即使遇到困难，也视同在游戏中打怪升级，用轻松心态"玩味"人生，不纠结于患得患失；

幸福，是对内自我觉察，对外如一束光行走于天地之间，让世界因你而变得更加明亮、温暖且充满韵味。

总之，幸福的人生就是去体验和创造，带着觉察，去体验生命中的每一个当下，去创造我们想要的人生。

▶人生的意义在于体验和创造

人生就是一场旅行。如果我们只专注于攀登山顶，便会错失沿途的风景。我们应该用心体验和欣赏攀登的过程，这才是人生的真正意义所在。

我尤为喜欢一部电影《心灵奇旅》，它以动画片的形式把人生的意义生动地表现出来。剧中主角乔伊原以为实现他演出成功的梦想便是人生的全部意义。然而，当他真的在演出中获得成功时，却发现自己并没有想象中的那般兴奋。他领悟到，与其每天过着快餐式的生活，不如活好每一个当下。不要在追寻目标的过程中，忽视了生活中的点滴美好，忽略了那些值得珍惜的小细节——无论是一块比萨、一片从树上掉落的叶子，还是一根棒棒糖，都值得我们去体会，去觉察。

因此，**体验人生的过程，活好每一个当下，本身就是生命的意义所在**。不是那些悬而未决的远大目标，而是去爱、去感受、去体会生活里的每一个微小瞬间，构筑人生的点点滴滴。

在人生的旅途中，无论美还是丑，光明还是黑暗，机会还是磨难，当我们不再对抗，而是洞察本心，就可以通过阴阳平衡来调整我们的频率，恢复我们本自具足的能量：在顺境时，我们多去创造价值，用光与热，用爱去影响更多的人，让世界变得更加美好；在逆境时，我们在人、事上磨炼，提升我们的智慧和觉悟，成为更好的自己。正如孟子所言："穷则独善其身，达则兼济天下。"**改变自己，影响他人，去发光发热，就是生命发挥创造力的过程。**

这些创造力，不必是宏伟蓝图或建功立业，而是在每一天创造生活的"小确幸"。当你真正地看见自己，并按照自己的需要来重构人生，掌握了生命的主权，那么，人生就是去体验你所创造的过程。生命仿佛是你每时每刻参与设计的杰作。

最后，我想用一首最喜欢的诗歌——泰戈尔的《用生命影响生命》❶，作为本书的结语：

> 把自己活成一道光，
> 因为你不知道，
> 谁会借着你的光，
> 走出了黑暗。

---

❶ 拉宾德拉纳特·泰戈尔.《飞鸟集》，商务印书馆。

请保持心中的善良，
因为你不知道，
谁会借着你的善良，
走出了绝望。

请保持你心中的信仰，
因为你不知道，
谁会借着你的信仰，
走出了迷茫。

请相信自己的力量，
因为你不知道谁会因为相信你，
开始相信了自己……

愿我们每个人都能活成一束光，
绽放着所有的美好！

小结

感恩亲爱的读者细心阅读本书。愿你通过践行平衡整理的生活方式，掌控自己的主权，做自己喜欢的事，活出真正的自我。首先好好地爱自己，然后好好地爱他人。让自己成为一道光、一座灯塔，绽放美好，照亮身边的人！在生命有限的时间里，迸发出最大的价值，不负芳华，不负此生！

人生的意义在于体验和创造

三个维度：人、物、空间的动态平衡（P90）

平衡整理的三个维度

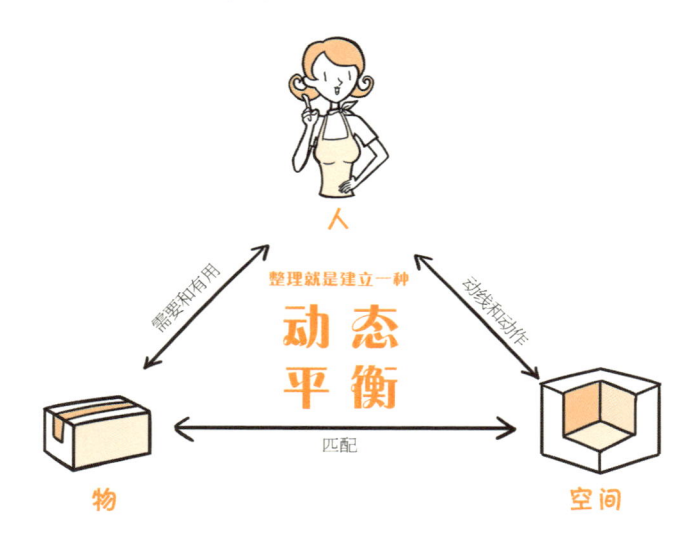

人

需要和有用

整理就是建立一种

动态平衡

动线和动作

物 —— 匹配 —— 空间

四个象限：整理物品的四象限模型（P92）

整理物品的四象限模型

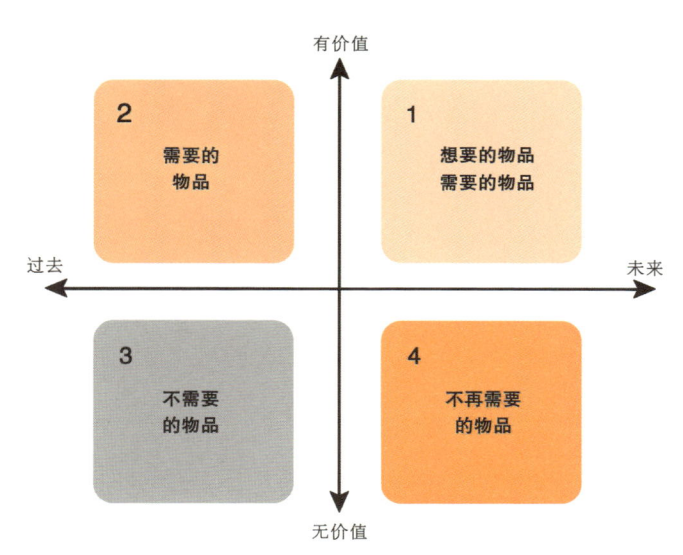

有价值

2 需要的物品

1 想要的物品 需要的物品

过去 ←——————→ 未来

3 不需要的物品

4 不再需要的物品

无价值

五个步骤：

整理人际关系的五个步骤（P178）

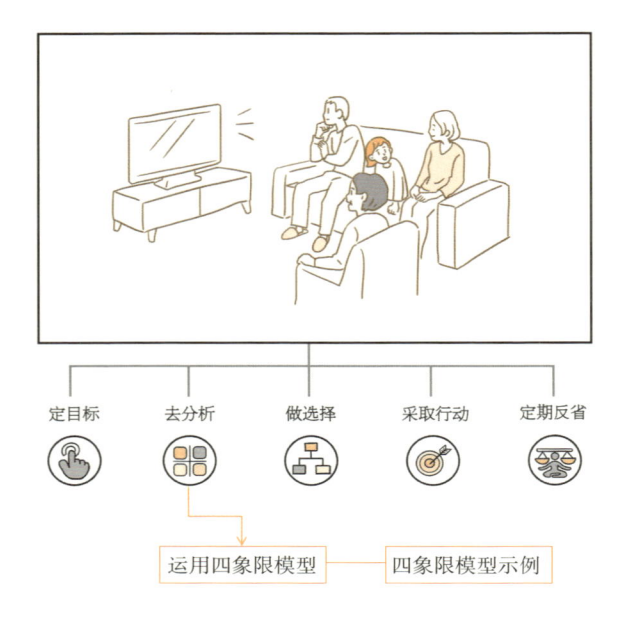

- 定目标
- 去分析
- 做选择
- 采取行动
- 定期反省

运用四象限模型 → 四象限模型示例

整理人际关系的四象限模型示例（P182）

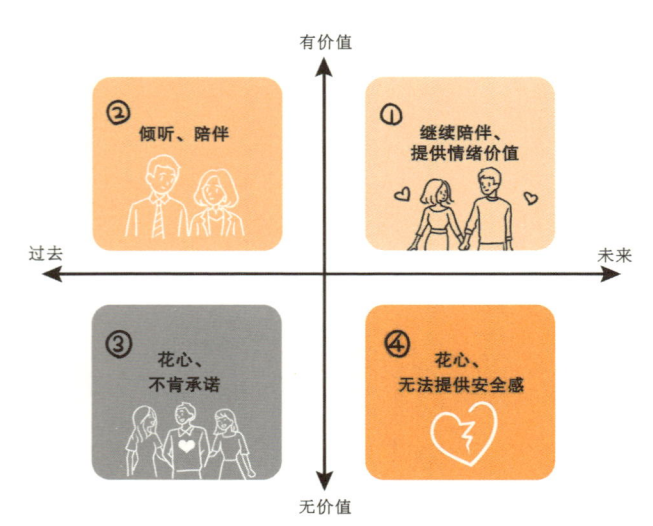

有价值 ↑ / 无价值 ↓ / 过去 ← / 未来 →

② 倾听、陪伴

① 继续陪伴、提供情绪价值

③ 花心、不肯承诺

④ 花心、无法提供安全感

7

整理内心的五个步骤（P187）

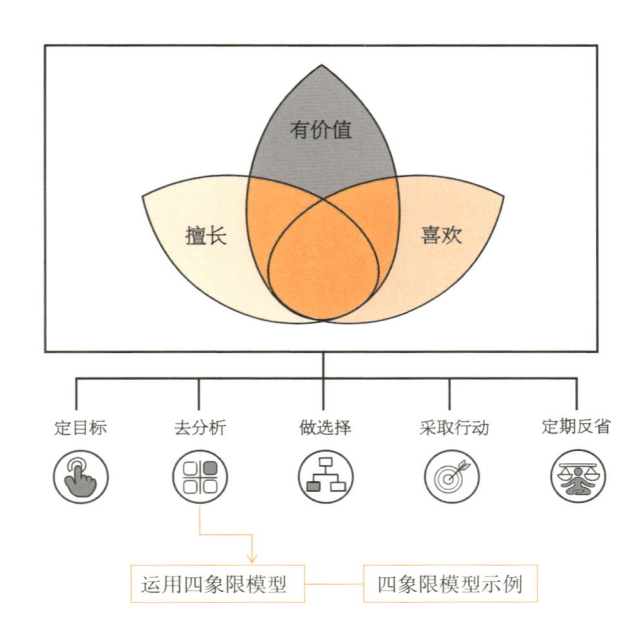

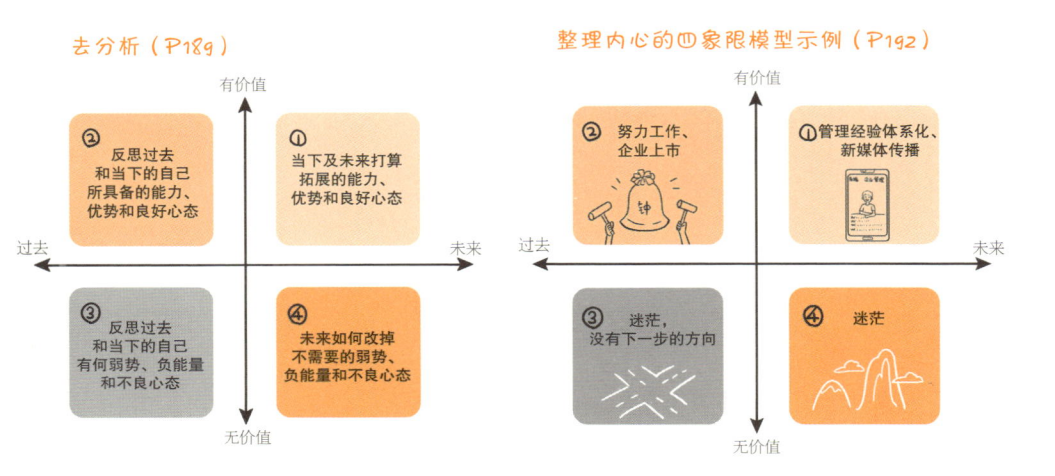

```
        有价值
    擅长      喜欢
```

定目标 → 去分析 → 做选择 → 采取行动 → 定期反省

去分析 → 运用四象限模型 → 四象限模型示例

去分析（P189）

有价值 ↑ ｜ 过去 ← → 未来 ｜ ↓ 无价值

② 反思过去和当下的自己所具备的能力、优势和良好心态

① 当下及未来打算拓展的能力、优势和良好心态

③ 反思过去和当下的自己有何弱势、负能量和不良心态

④ 未来如何改掉不需要的弱势、负能量和不良心态

整理内心的四象限模型示例（P192）

② 努力工作、企业上市

① 管理经验体系化、新媒体传播

③ 迷茫，没有下一步的方向

④ 迷茫

8

平衡整理法则运用检索图

平衡整理法则在"理物"中的运用

一个中心：需要和有用（P43）

平衡整理的一个中心

需求金字塔（由下至上）：
- 生理的需要
- 安全的需要
- 归属与爱的需要
- 尊重的需要
- 认知的需要
- 审美的需要
- 自我实现的需要

需要 ⇄ 有用

欲望 ≠ 需要

两个层面：适度——"刚刚好"（P64）

平衡整理的两个层面

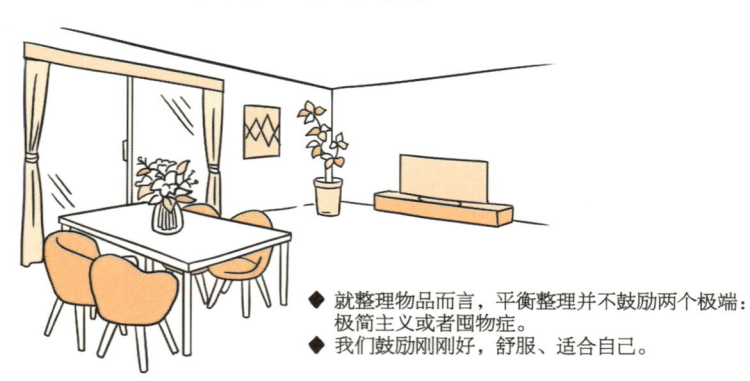

◆ 就整理物品而言，平衡整理并不鼓励两个极端：极简主义或者囤物症。
◆ 我们鼓励刚刚好，舒服、适合自己。

1

五个步骤（P99）：

平衡整理——
物品整理的五个步骤

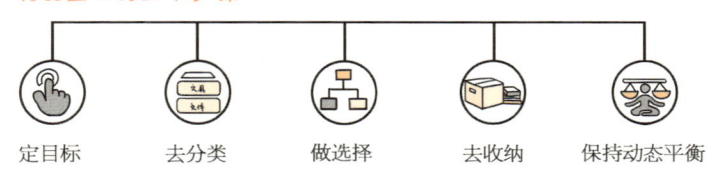

- 定目标
- 去分类
- 做选择
- 去收纳
- 保持动态平衡

平衡整理法则在"理人、理心"中的运用

一个中心：需要和有用（P116）

平衡整理的一个中心
理人、理心篇

需求金字塔（自下而上）：
- 生理的需要
- 安全的需要
- 归属与爱的需要
- 尊重的需要
- 认知的需要
- 审美的需要
- 自我实现的需要

需要 ⇄ 有用

有用 — 能创造价值
— 自己喜欢的人或事

整理内心的四象限模型（P170）

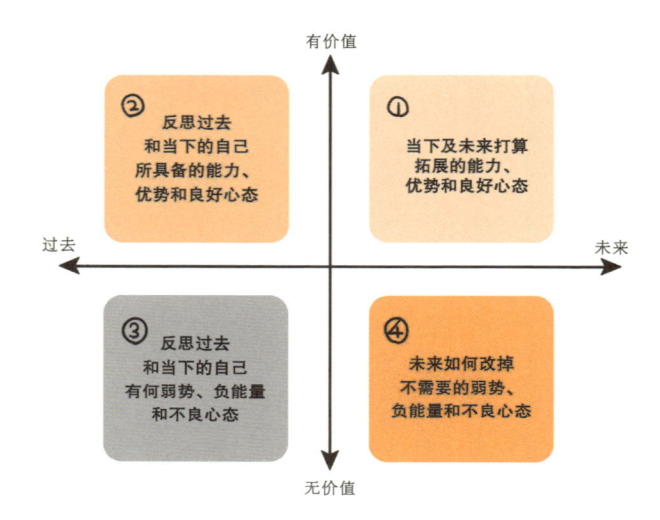

```
                      有价值
                        ↑
        ②              │              ①
     反思过去           │        当下及未来打算
    和当下的自己        │          拓展的能力、
   所具备的能力、       │         优势和良好心态
   优势和良好心态       │
                        │
   过去 ─────────────────┼───────────────── 未来
                        │
        ③              │              ④
     反思过去           │        未来如何改掉
    和当下的自己        │        不需要的弱势、
    有何弱势、负能量    │        负能量和不良心态
    和不良心态          │
                        ↓
                      无价值
```

整理内心的四象限模型示例（P171）

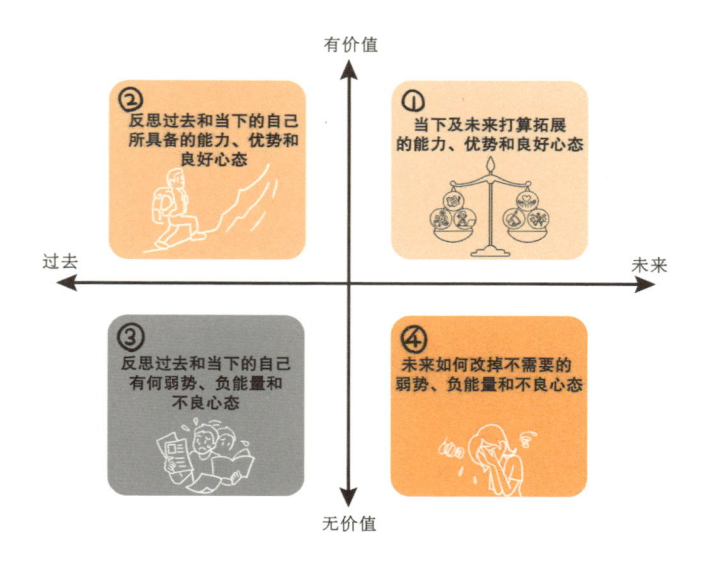

```
                            有价值
                              ↑
    ②                         │                    ①
  反思过去和当下的自己          │          当下及未来打算拓展
  所具备的能力、优势和          │          的能力、优势和良好心态
  良好心态                      │
                               │
  过去 ─────────────────────────┼───────────────────────── 未来
                               │
    ③                         │                    ④
  反思过去和当下的自己          │          未来如何改掉不需要的
  有何弱势、负能量和            │          弱势、负能量和不良心态
  不良心态                      │
                               ↓
                            无价值
```

四个象限：
整理人际关系的四象限模型（P162）

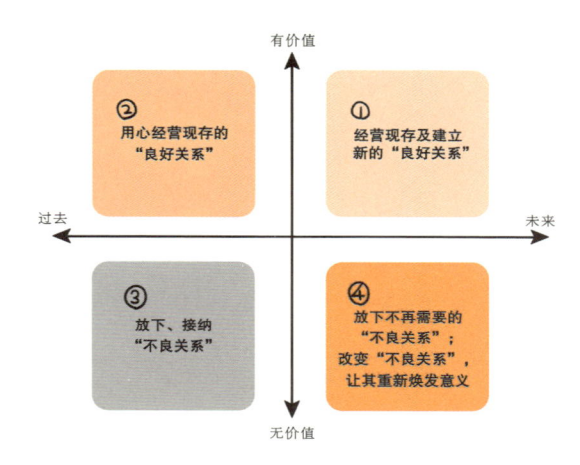

```
                        有价值
                          ↑
            ②              │         ①
       用心经营现存的       │    经营现存及建立
        "良好关系"         │    新的"良好关系"
                          │
  过去 ─────────────────┼───────────────── 未来
                          │
            ③              │         ④
         放下、接纳         │    放下不再需要的
         "不良关系"         │     "不良关系"；
                          │    改变"不良关系"，
                          │    让其重新焕发意义
                          ↓
                        无价值
```

整理人际关系的四象限模型示例（P165）

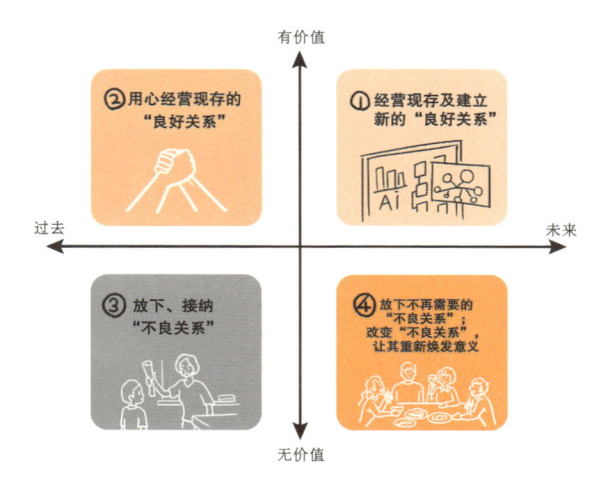

```
                        有价值
                          ↑
            ②              │         ①
       用心经营现存的       │    经营现存及建立
        "良好关系"         │    新的"良好关系"
                          │
  过去 ─────────────────┼───────────────── 未来
                          │
            ③              │         ④
         放下、接纳         │    放下不再需要的
         "不良关系"         │     "不良关系"；
                          │    改变"不良关系"，
                          │    让其重新焕发意义
                          ↓
                        无价值
```

两个层面：适度——恰到好处

运用时间管理法则平衡"有限与无限"（P134）

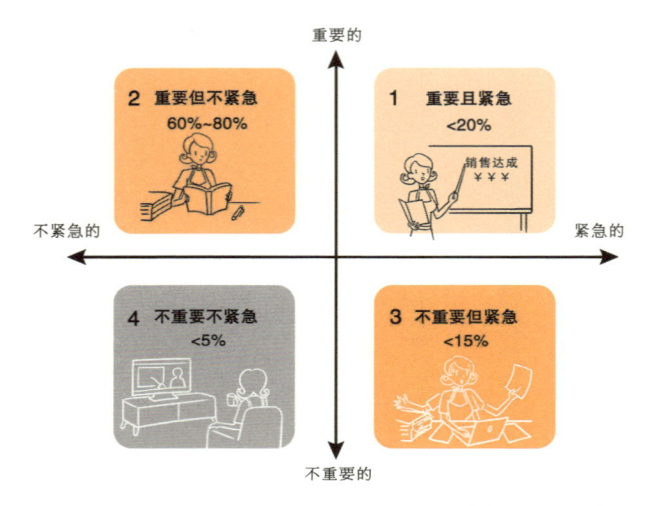

```
                    重要的
                      ↑
    ┌─────────────┐   │   ┌─────────────┐
    │ 2 重要但不紧急 │   │   │ 1 重要且紧急  │
    │   60%~80%    │   │   │    <20%     │
    └─────────────┘   │   └─────────────┘
                      │
  不紧急的 ←───────────┼───────────→ 紧急的
                      │
    ┌─────────────┐   │   ┌─────────────┐
    │ 4 不重要不紧急 │   │   │ 3 不重要但紧急 │
    │     <5%      │   │   │    <15%     │
    └─────────────┘   │   └─────────────┘
                      ↓
                   不重要的
```

本图参考图书《要事第一》

（作者：史蒂芬·柯维，中国青年出版社）

三个维度：人、事、时间的动态平衡（P142）

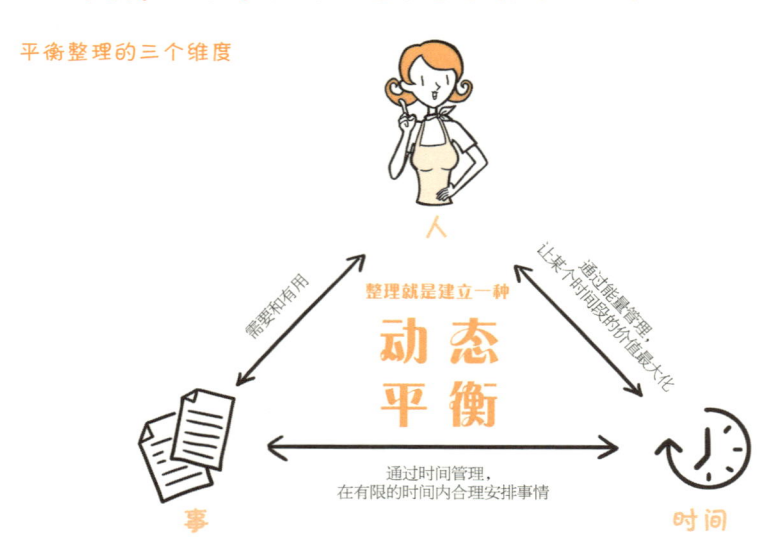

平衡整理的三个维度

人 — 事 — 时间

整理就是建立一种**动态平衡**

- 需要和有用
- 通过能量管理，让某个时间段的价值最大化
- 通过时间管理，在有限的时间内合理安排事情

平衡整理：从物品整理到人生整理
全书导图

金迪——著

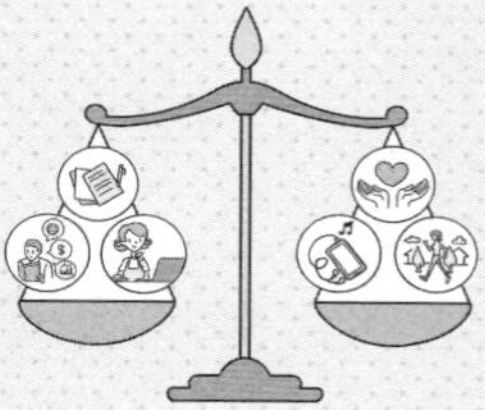

Dang~
Dang~

先导篇

整理收纳的前世今生

01 整理收纳在当今中国社会的兴起

具象整理

整理师的使命：缓和人、物、空间的矛盾。

抽象整理

明确想要的，舍弃不想要的，
构建一种幸福且美好的生活方式。

02 整理收纳行业的国外发展史

源于美国： 美国国家生产力及整理师协会（NAPO）——1980 年诞生的首个全国性质的职业协会

兴于日本：

山下英子
断舍离

近藤麻理惠
怦然心动的人生整理魔法

日本整理收纳专家协会
整理就是去除不必要的东西，
并加以区别

03 整理与中国传统文化的渊源

◆ 儒家的整理智慧：格物致知，秩序之美；
◆ 佛家的整理智慧：去我执，拂拭内心尘埃；
◆ 道家的整理智慧：为道日损，做减法。

04 当下主要的整理流派

☆断舍离整理

把非必需、不合适的物品舍弃，达到脱离物欲和我执的精神状态。

☆怦然心动的人生整理魔法

按照心动的标准来选择身边的物品。

☆极简主义

去除无关紧要的事物，尤其是卡住我们的事物，才能专注于最重要的东西。

☆FLOW整理术

F: 原谅你自己（Forgive yourself）
L: 舍得清出去（Let stuff go）
O: 整理留下的（Organize what is left）
W: 持续地清理（Weed constantly）

原谅你自己，舍得清出去，整理留下的，持续地清理。

理论篇

平衡整理，让你找到人生最舒适的状态

01 平衡整理之缘起

中国传统文化中的"平衡"智慧

《易经》：一阴一阳之谓道；
中庸："度"就是平衡的智慧。

整理与现代心理学的邂逅

通过整理物品来洞察自己的内心，
能更了解自己及家庭关系；

整理是从外而内实现有序，
心理学是从内而外实现有序。

02 何谓平衡整理

如何理解平衡整理

了解自己，
做出最适合自己的选择，
从而达到人、物、空间，
人、事、时间的动态平衡。

平衡整理的生活方式——理物、理人、理心

把外界物品整理好，
梳理好周边的人际关系，
调整好自己的内心，
实现真正的平衡。

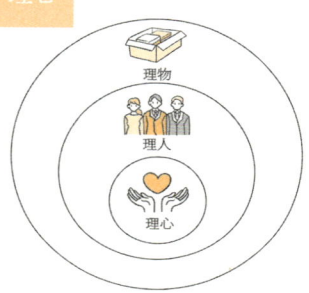

03 平衡整理的法则

一个中心

了解自己，
把"需要和有用"
作为评判标准和
选择标准的中心点。

两个层面

反思自己的"一个中心"
是否适度；
是否处于舒适、平衡的状态。

三个维度

人、物、空间及
人、事、时间的动态平衡。

四个象限

反省过去、展望未来，
从价值的角度来分析物品、
人际关系和内心，
从而指导当下做出选择。

五个步骤

通过定目标、去分类、做选择、去收纳、
保持动态平衡来整理物品；
通过定目标、去分析、做选择、采取行动、
定期反省来整理人际关系和内心，
从而打造自己的梦想家园，活出自己想要的样子。

应用篇

在『理物』中运用平衡整理法则

01 透过整理物品，洞见自我

平衡整理的一个中心

"需要和有用"

平衡整理的"一个中心"
- ⭐ "需要和有用"，是判断和选择的标准；
- ⭐ 判断和选择的标准是动态变化的，果断舍弃不满足当下标准的物品；
- ⭐ 不为欲望买单，是真实需要的物品才买。

需要的

舍弃的

借马斯洛需求层次理论，洞悉"需要和有用"之真谛

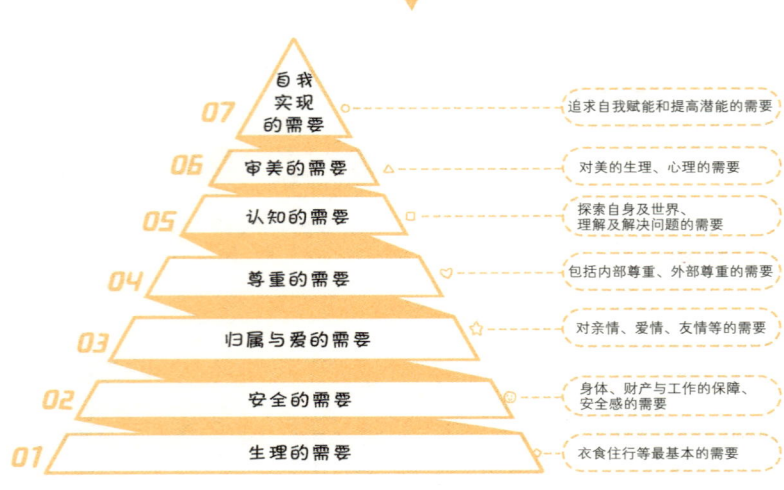

马斯洛需求层次理论

- 07 自我实现的需要 —— 追求自我赋能和提高潜能的需要
- 06 审美的需要 —— 对美的生理、心理的需要
- 05 认知的需要 —— 探索自身及世界、理解及解决问题的需要
- 04 尊重的需要 —— 包括内部尊重、外部尊重的需要
- 03 归属与爱的需要 —— 对亲情、爱情、友情等的需要
- 02 安全的需要 —— 身体、财产与工作的保障、安全感的需要
- 01 生理的需要 —— 衣食住行等最基本的需要

本图参考了图书《人类动机理论》
（作者：亚伯拉罕·哈罗德·马斯洛，华夏出版社）

购买和选择物品时，审视物品可否满足某个层次的需要

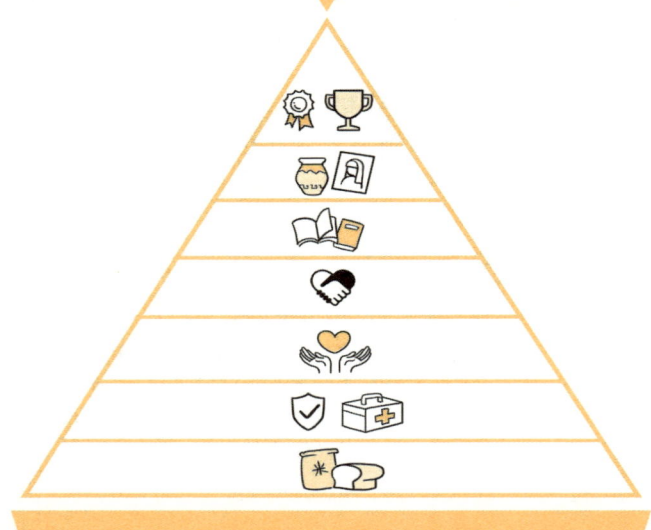

按照当下需求层次的重要性来进行排序和选择

"去伪存真",唯留真我所需

- ⭐ 补偿机制:减少物欲,避免通过追求物质的"高价值"来填补精神的"低价值";
- ⭐ 鸟笼效应:要抓回自己的主权,避免为了满足外界评价而选择了自己并不喜欢的生活方式;
- ⭐ 整理就是保留自己真正需要和有用的物品,去重新构建生活!

你应该……

不要试……

不适合你……

你不应该……

02 透过平衡整理，找到最适合自己的状态

平衡整理的两个层面

适度——"刚刚好"

- ⭐ 不鼓励两个极端：极简主义或者囤物症；
- ⭐ 鼓励"刚刚好"：物品不多不少，舒适、适合自己的就好。

理性思维——保持适度的物品数量

- 按照收纳空间来决定物品数量；
- 进和出的平衡。

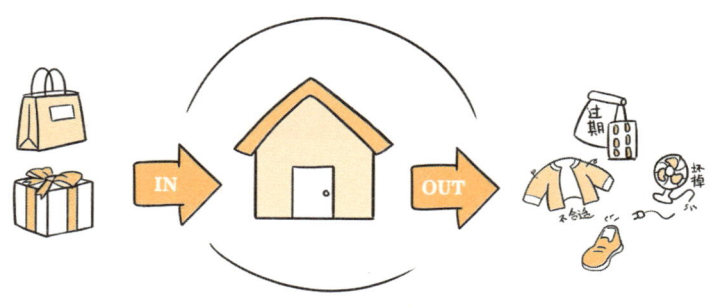

物品来源：购买；
　　　　　赠送

物品流通出处：扔掉；
　　　　　　　二手售卖；
　　　　　　　送人；
　　　　　　　绿色环保回收

感性思维——保持空间的美感

- 留白；
- 保持展示区与储存区的平衡：
  按照收纳面积折算，一般建议展示区 20%，储存区 80%；
- 匹配性：
  物品（包括收纳工具）的风格、色彩要与家居整体风格、色彩相协调。

储存区
（不超过房间收纳空间的 80%）

展示区
（不超过房间收纳空间的 20%）

03 把握人、物、空间的动态平衡

平衡整理的三个维度

人、物、空间的秩序平衡

- ★ 按照需要和有用的标准，选择适合自己的物品；
- ★ 物品数量要与空间相匹配；
- ★ 按照人的动线和动作，来决定物品收纳的最佳位置。

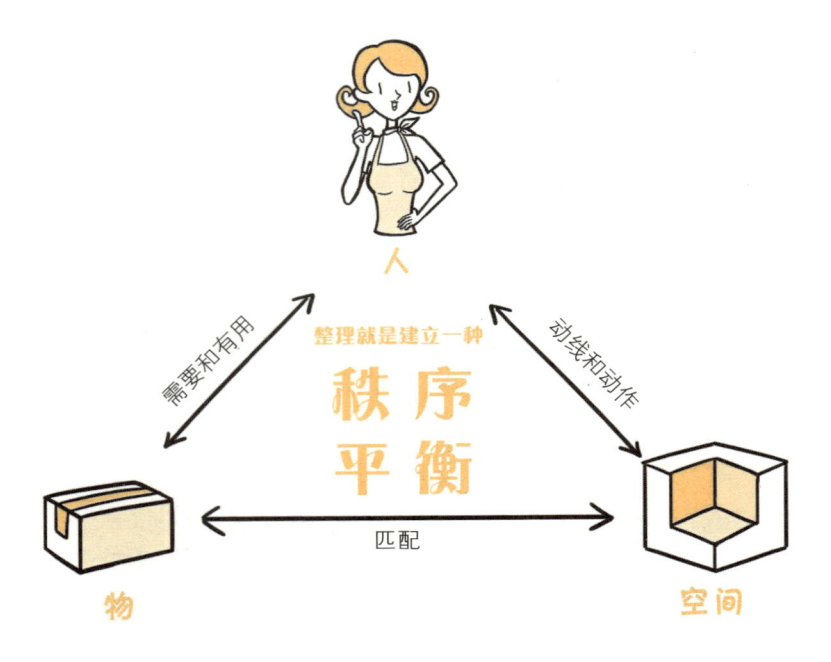

整理就是建立一种 **秩序平衡**

人 —— 需要和有用 —— 物
人 —— 动线和动作 —— 空间
物 —— 匹配 —— 空间

从空间设计的角度来优化收纳

规划好功能区
- 根据主人物品的特点来进行空间规划；
- 把物品按照功能区来分类归置。

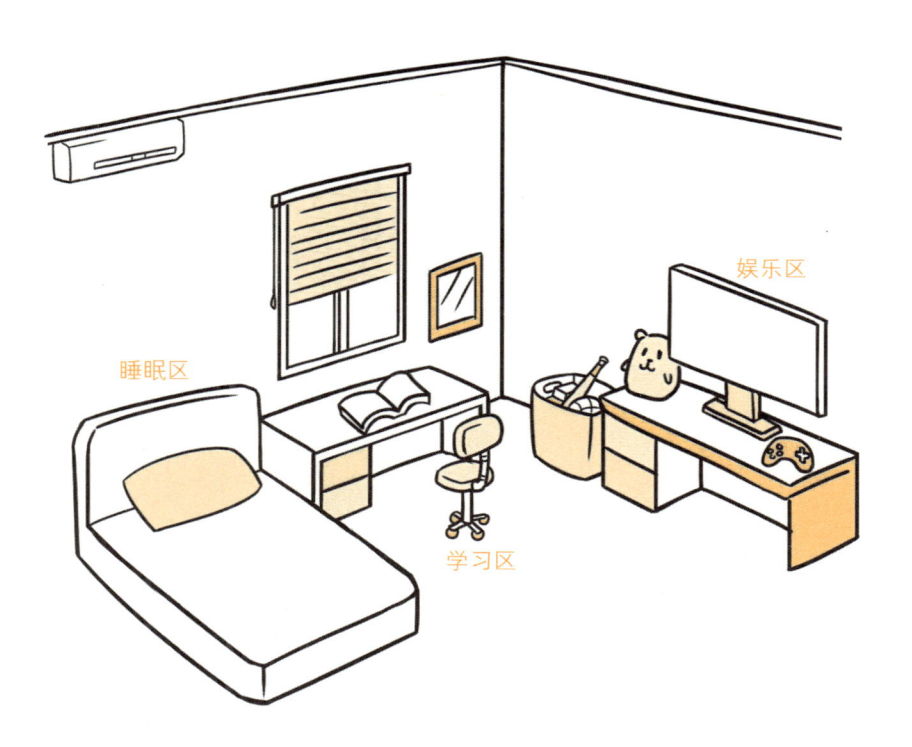

睡眠区

娱乐区

学习区

考虑人的使用动线和动作
- 按照使用者的生活动线来布局空间；
- 尽量减少收纳动作。

不常用的轻东西

有时会用的东西

常用的东西

有时会用的东西

不常用的重东西

设计足够好用的收纳空间
- 提高收纳容积率；
- 利用收纳工具和标签，把分类好的物品放入其专属收纳空间。

包装配件　节日装扮

母婴用品　纸巾囤货

洗护用品　清洁用品

小家电收纳

整理的界限

人与人之间的界限
✪ 将物品整理和选择的决定权交给物品的主人。

个人物品与公用物品的界限
✪ 客厅、厨房等公共区域的公用物资,满足主要使用人的需求。

个人空间与公用空间的界限
✪ 把大空间划分为个人小空间,让该成员做主;
✪ 划分不了的公用空间,结合家庭成员的生活习惯,
　巧用收纳工具,来固定收纳位置,
　并形成家庭成员共用的"整理收纳使用手册"。

公用区域

丈夫的区域

妻子的区域

人、物、空间的动态平衡

> 人成长轨迹中，物品的数量会发生变化，应通过以下措施，保持人、物、空间的动态平衡

- ✪ 把不适合现阶段需要和有用的物品流通出去；
- ✪ 通过设计提高空间的利用率，扩容收纳空间；
- ✪ 配置更大的房子，来放置不想舍弃又不常用的物品（成本高，不建议）；
- ✪ 控制购买欲望，精选物品，管理好物品的进出。

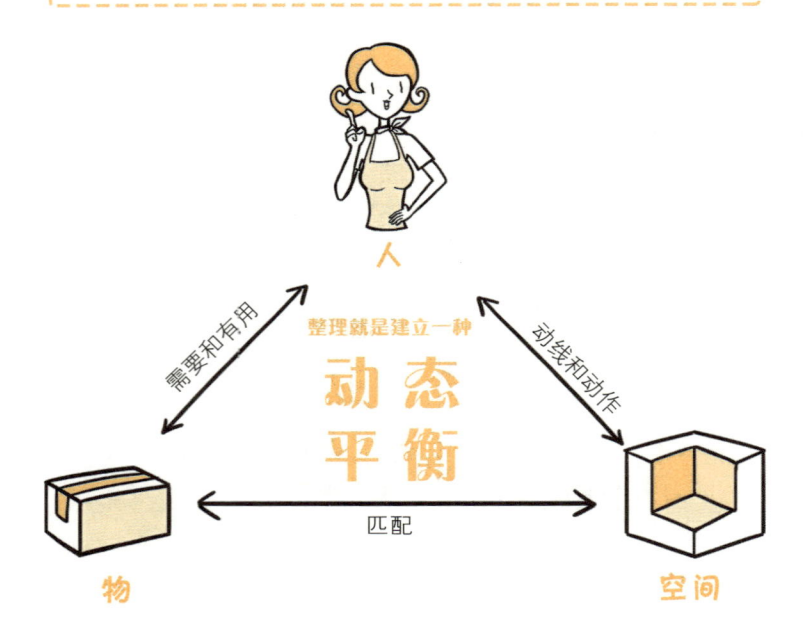

人

整理就是建立一种 **动态平衡**

需要和有用　　动线和动作

物　　匹配　　空间

04 用全观的视野来审视物品

平衡整理的四个象限

整理物品的四象限模型

本质

- 整理物品的四象限模型是分类的思维工具；
- 用全观的视野，构建时间和价值维度的思维判断方式。

形式

- 横轴代表时间：左边过去、右边未来、中间当下；
- 纵轴代表物品的价值：上方"有价值"，下方"无价值"；
- 第二象限：过去和当下需要和有价值的物品；
- 第三象限：过去和当下积攒下来的不再需要的物品；
- 第一象限：未来想要的物品，奋斗的目标；
- 第四象限：未来不再需要的物品。

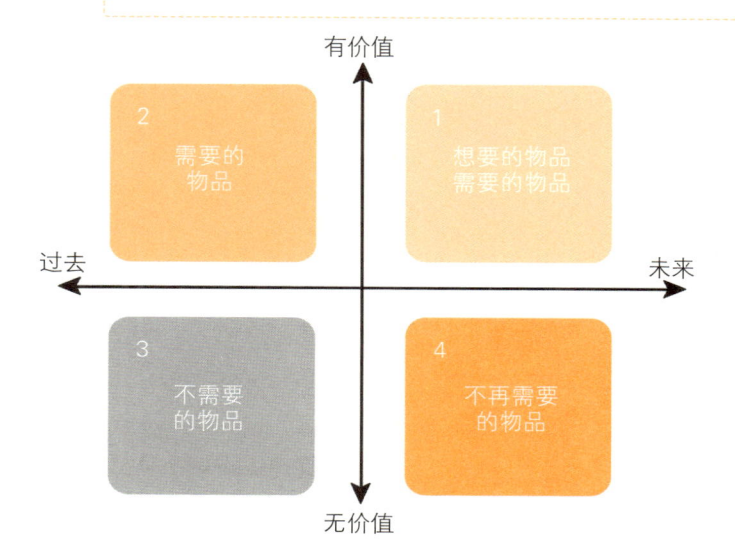

有价值

2 需要的物品

1 想要的物品 需要的物品

过去 ←→ 未来

3 不需要的物品

4 不再需要的物品

无价值

如何使用

- ⭐ 利用冥想触达潜意识，察觉自己真正的需求；
- ⭐ 从象限二的选择出发，觉察自己的价值观；
- ⭐ 从象限三的选择出发，把没用的物品流通起来，并放下不能释怀的物品，重新出发；
- ⭐ 从象限一的选择出发，把未来的梦想、目标与当下的行动结合起来；
- ⭐ 从象限四的选择出发，觉察未来自己价值观的变化。

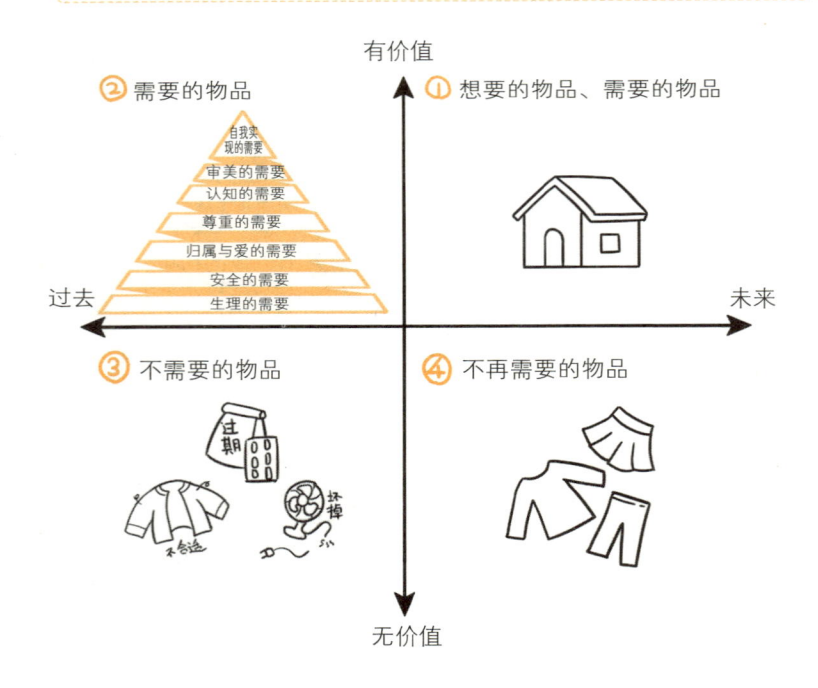

有价值

② 需要的物品　　　① 想要的物品、需要的物品

自我实现的需要
审美的需要
认知的需要
尊重的需要
归属与爱的需要
安全的需要
生理的需要

过去　　　　　　　　　　　未来

③ 不需要的物品　　　④ 不再需要的物品

无价值

05 五步让你的物品不再凌乱

平衡整理的五个步骤

定目标

- 整理的目标应明确为具体的整理空间、拟完成的时间和是否需要协助整理的人员;（注意：整理某空间的物品时，需将家中同类/同样的物品合并处理。）
- 整理目标也可定为具体的整理物品、拟完成的时间和是否需要协助整理的人员。

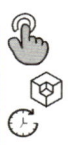

去分类

- 分类是一种认知科学：把同类项合并，加上固定收纳位置等外化方法，可减少大脑检索时间，最快找到物品；
- 分类可以帮助训练筛选、排序、做选择的习惯，让我们成为高效能人士；
- 擅用思维导图：通过一级分类、二级分类、三级分类，清楚知道某种类别的物品数量，多的舍弃，不足的补充。

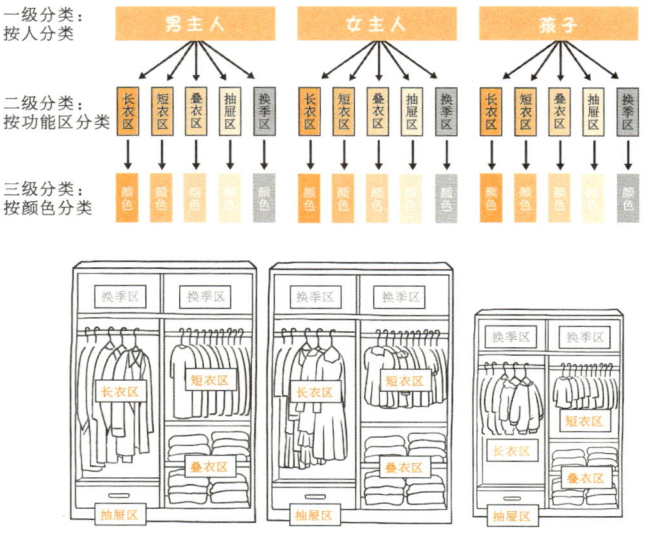

一级分类：按人分类 — 男主人 / 女主人 / 孩子

二级分类：按功能区分类 — 长衣区 / 短衣区 / 叠衣区 / 抽屉区 / 换季区

三级分类：按颜色分类

做选择

① 满足当下"需要和有用"的标准

② 决策机制

> ★ 理性的决策机制
> 按照物品的"需要和有用"来判断，做出留下、舍弃、暂时存放的决定（暂时存放超过一年的建议舍弃）。
> ★ 感性的决策机制
> 按照心动的标准来选择身边的物品，
> 让你感觉背负压力或痛苦的物品，建议舍弃。

理性决策

- 满足"需要和有用"标准的 → 留下
- 不满足的 → 舍弃
- 犹豫不决的 → 暂存，超过一年的建议舍弃

感性决策

- 满足"怦然心动"标准的 → 留下
- 感觉背负压力或痛苦的物品 → 舍弃

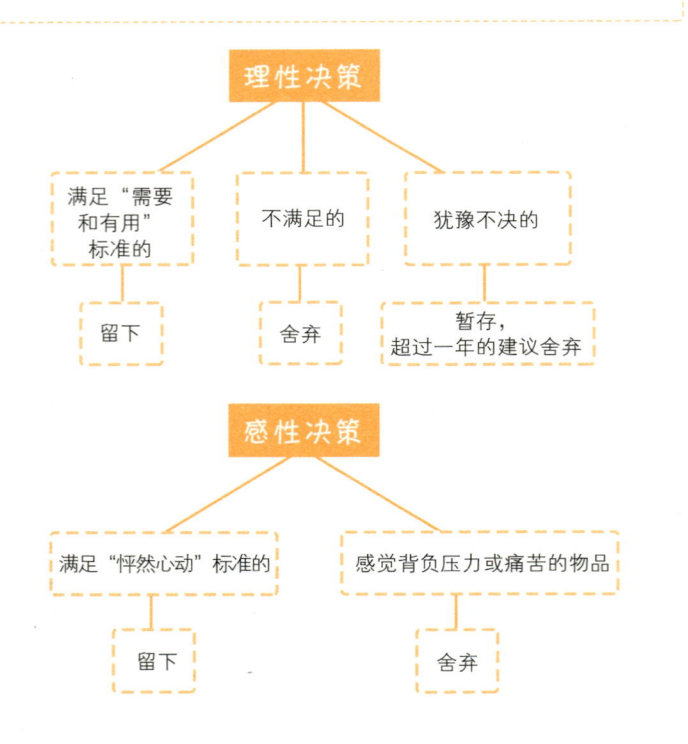

去收纳

⭐ Positioning(定位法则)：每一件物品对应一个"家"；
⭐ Up-right(垂直法则)：尽量垂直地收纳物品，以提高空间的利用率；
⭐ Transparency（透明法则）：用透明的收纳容器，可以一目了然。

Positioning 定位法则	Up-right 垂直法则	Transparency 透明法则
多次细分 同类集中 确定位置 / 考虑动线和动作，按人划分空间	空间规划 / 垂直收纳	去除包装 合理暴露 / 一目了然

保持动态平衡

⭐ 人、物、空间任何一个层面变了，就要相应调整其他层面以适应变化；
⭐ 确保人生的每一个阶段，周遭的物品都是你所需、对你有价值之物，且符合此空间之容纳能力。这种动态平衡，正是最为舒适的状态。

在『理人、理心』中运用平衡整理法则

01 通过整理的灵性之光，看见"冰山"下的自己

平衡整理的一个中心

"需要和有用"

平衡整理的"一个中心"：

- ★ "需要和有用"，是判断和选择的标准；
- ★ "有用"指"能创造价值"，或者"自己喜欢的人或事"；
- ★ 判断和选择的标准是动态变化的，
  可以参考马斯洛需求层次理论，
  根据人不同时期的不同需要的重要性来优化排序。

自我实现的需要
审美的需要
认知的需要
尊重的需要
归属与爱的需要
安全的需要
生理的需要

需要 ⇄ 有用

有用 —能创造价值
　　 —自己喜欢的人或事

以家中物品为沙盘，窥见冰山之下的真实自我

⭐ 人的"自我"如冰山，能看到的是表面的"显意识"；
冰山下的"潜意识"不为外界所见，甚至也不为自己所知；

⭐ 通过分析家里物品构成的沙盘，能帮助了解冰山下的自我：
与家中的物品对话，打开觉察力，感知物品背后蕴藏的信息；
通过观察家里空间的布局和家中物品的摆放，能觉察家庭成员互动的行为模式，梳理家庭关系。

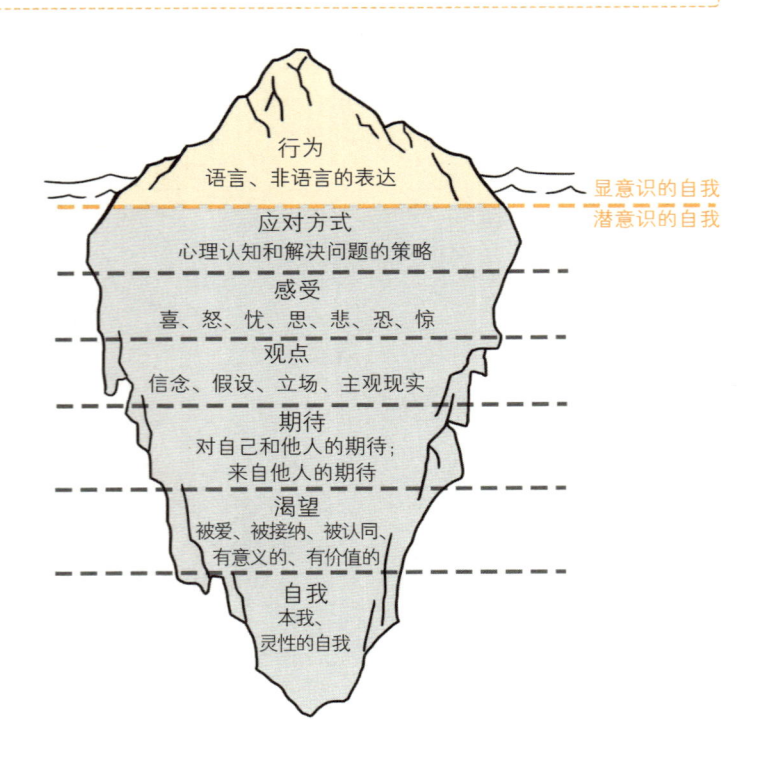

行为
语言、非语言的表达

———————————————— 显意识的自我
　　　　　　　　　　　　　　　潜意识的自我

应对方式
心理认知和解决问题的策略

感受
喜、怒、忧、思、悲、恐、惊

观点
信念、假设、立场、主观现实

期待
对自己和他人的期待；
来自他人的期待

渴望
被爱、被接纳、被认同、
有意义的、有价值的

自我
本我、
灵性的自我

冥想——点亮整理的灵性之光

- ⭐ 闭上眼睛,全身放松,一呼一吸间,有意图地带着整理方面的问题,进入冥想状态,去发现未知的自己;
- ⭐ 用潜意识去觉察自己内心的答案,觉察的"答案"可以用绘画,或者自由书写等形式表达出来。

02 恰到好处的智慧——平衡有限与无限、摆烂与完美主义

平衡整理的两个层面

以"用中"为道，寻觅平衡矛盾的支点

- ⭐ 利用时间管理四象限法则，给事情排序，平衡有限的时间与无限的事情；
- ⭐ 合理地节制欲望（例如节劳、节欲、节饮食），平衡有限的资源和无限的欲望；
- ⭐ 平衡"摆烂主义"的随意与"完美主义"的苛求。

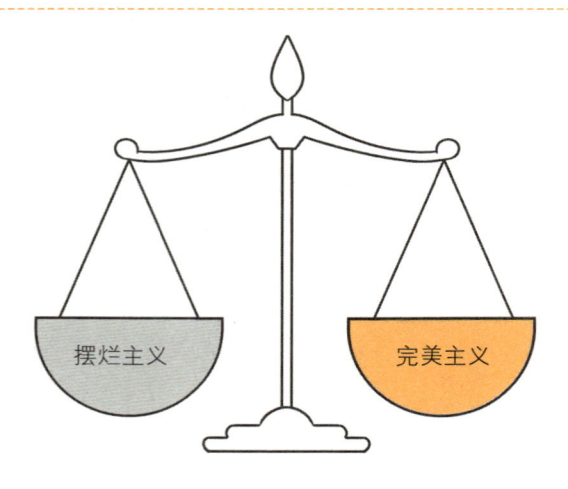

03 把握人、事、时间的动态平衡

平衡整理的三个维度

人、事、时间的动态平衡

- ⭐ 从人的需要和有用（有价值、喜欢）的角度出发，选择适合自己的事情或者人际关系；
- ⭐ 做的事情或者处理的人际关系要与时间相匹配；
- ⭐ 通过能量管理，让某个时间段的产出价值最大化；
- ⭐ 人、事、时间任何一个维度变化了，其他维度也要随着变化，达到新的动态平衡。

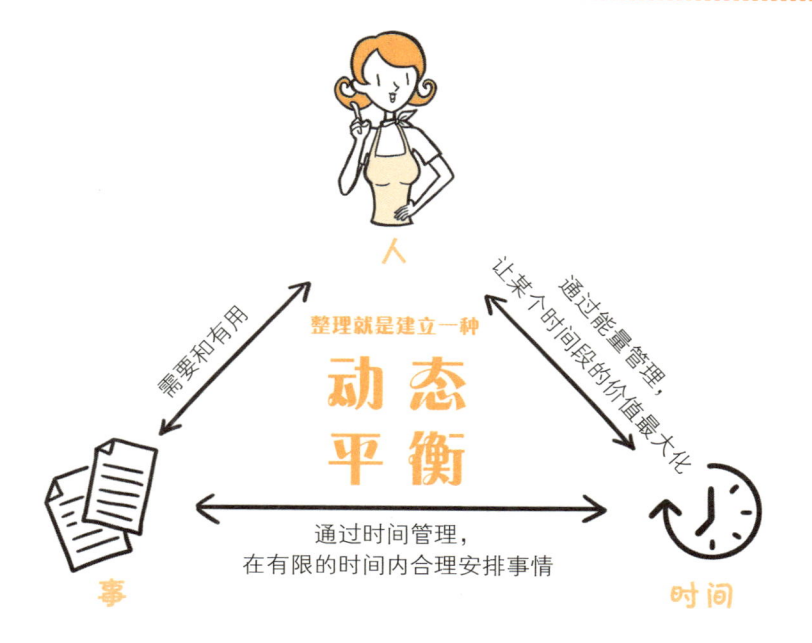

人

整理就是建立一种 **动态平衡**

需要和有用

通过能量管理，让某个时间段的价值最大化

通过时间管理，在有限的时间内合理安排事情

事　　　时间

时间管理的技巧

时间优化管理表格
- 减法项目：去掉生活中、工作中浪费时间的无效事情、无效社交；
- 加法项目：做更有价值、更有意义的事情；
- 平衡项目：故意做一些平时不做的事情，打破思维和行动惯性。

能量管理的技巧

能量优化管理表格
- 减法项目：避免做导致负面情绪的事情；
- 加法项目：通过调频、保持临在状态；
- 平衡项目：故意做一些平时不做的事情，来平衡能量水平。

保持健康的"疆界"

平衡"外在自我"与"内在自我"
- 学会"可入可出"，不被某一种角色或集体意识绑架自己；
- 在不同的场合，对待不同的人，用最合适的方法，照顾到他人的需要，同时自己也不卑不亢；

平衡"小我"与"大我"
- 兼顾"小我"（Me）和"大我"（We）的需求；
- 用"一致性表达"的沟通方式，让"小我"的需求与"大我"的需求尽量保持一致。

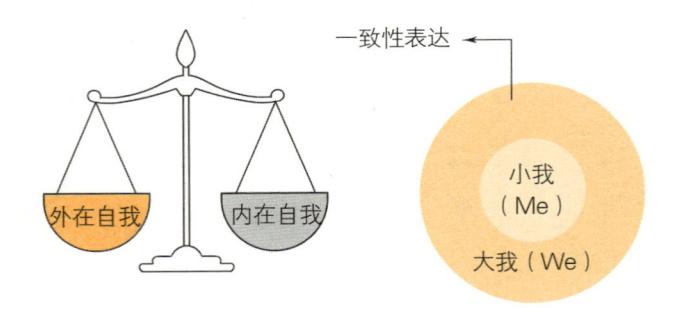

04 活出你想要的样子——整理人际关系、整理内心

平衡整理的四个象限

绘制"梦想生活时间表"

- 通过描绘梦想生活的时间表，来发现自己的真实需求与现实生活的差异；
- 采取行动，按照梦想生活的方式，来改变日常的行为模式。

整理人际关系的四象限模型

- 觉察自己的价值观，什么样的人是你最珍视的；
- 放下过去的创伤，接纳不能改变的，释放不好的情绪；
- 活在当下，与自己的社会支持系统互相增值，共创美好；
- 明确目标，知道未来希望结交什么样的人，并付诸实践；
- "断舍离"不增值的人际关系。

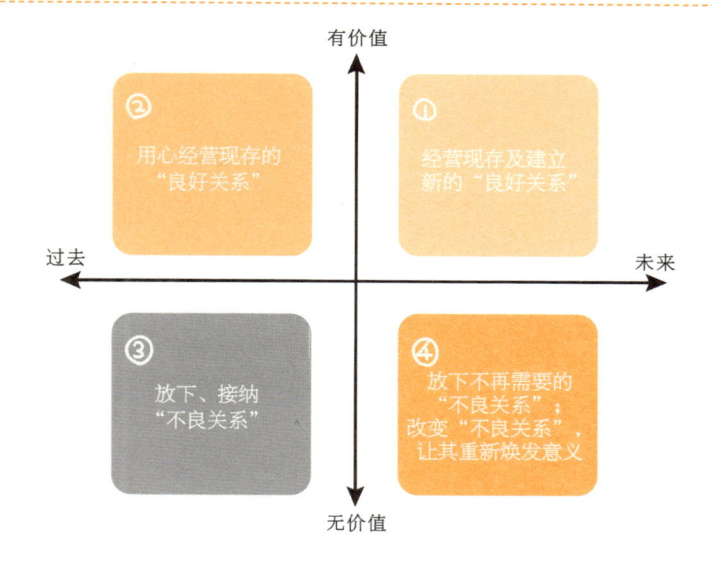

	有价值	
② 用心经营现存的"良好关系"		① 经营现存及建立新的"良好关系"
过去		未来
③ 放下、接纳"不良关系"		④ 放下不再需要的"不良关系"；改变"不良关系"，让其重新焕发意义
	无价值	

整理内心的四象限模型

- ★ 看到自己的能力、优势和良好心态,未来去放大它们;
- ★ 反省自己的弱势、负能量和不良心态,将来去改变它们;
- ★ 不担忧和焦虑未来,接受生命的不确定性和不完美。

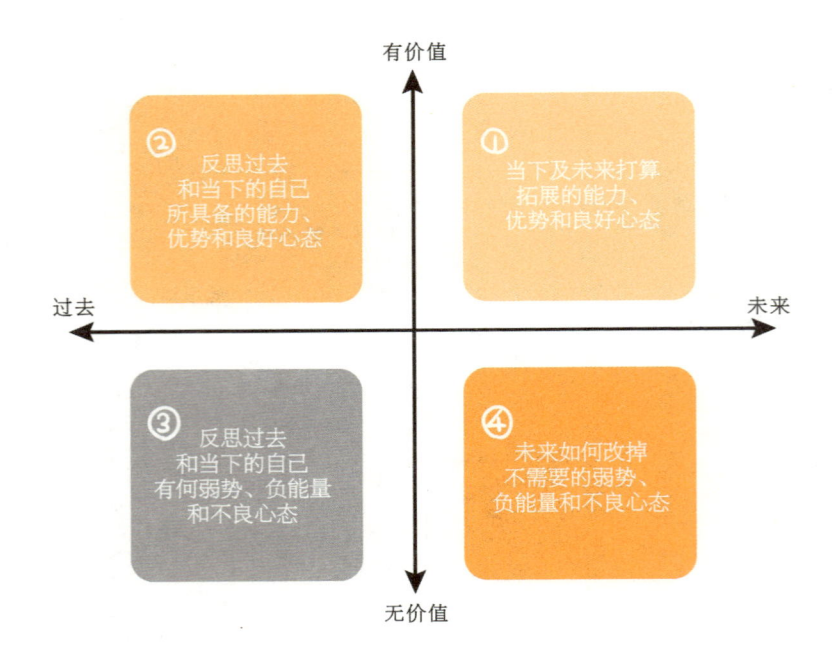

有价值 ↑

② 反思过去和当下的自己所具备的能力、优势和良好心态

① 当下及未来打算拓展的能力、优势和良好心态

← 过去 ／ 未来 →

③ 反思过去和当下的自己有何弱势、负能量和不良心态

④ 未来如何改掉不需要的弱势、负能量和不良心态

↓ 无价值

用"量尺问句"工具丈量当下与未来的差距，以行动筑梦前行

- ⭐ 把自己的想法、感受等比较抽象的概念，转化为可达成的目标;
- ⭐ 寻找"例外"，找到自己实现目标的最佳途径。

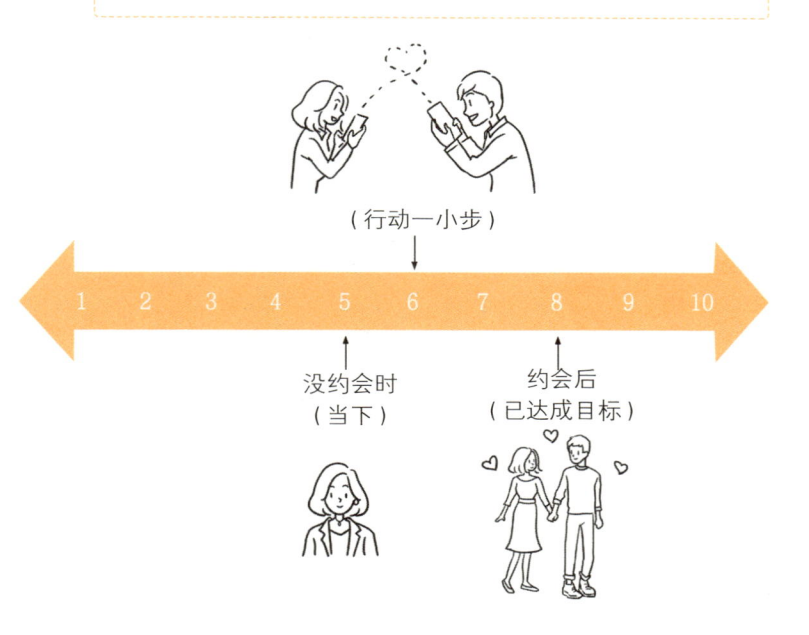

（行动一小步）

1　2　3　4　5　6　7　8　9　10

没约会时
（当下）

约会后
（已达成目标）

幸福指数的量尺

05 五步让你的人生不再迷茫

平衡整理的五个步骤

整理人际关系的五个步骤

定目标
- 带着整理人际关系的问题,通过冥想与自己的潜意识对话,发现内心最真实的感受。

去分析
- 针对周边的人际关系做全盘梳理,依照整理人际关系的四象限模型:
  把过去的"良好关系"放在第二象限;
  把过去的"不良关系"放在第三象限;
  把未来要保留和建立的"良好关系"放在第一象限;
  把未来不再需要的"不良关系"放在第四象限。
- 针对某段人际关系做梳理,把这段关系中"有价值的点"和"无价值的点"进行分析,放到四象限里。

做选择
- 更多地投入:发展和维护第一象限和第二象限的"良好关系";
- 放下:那些你不能改变的,让你痛苦、不舒服的"不良关系";
- 改变:不好但不能放下的关系,用"一致性表达"的方法来沟通,打开心结;
- "暂时存放":你犹豫不决的关系,可先试着减少交往。
  减少交往后如果你更开心,或者没有不良后果,就放下。

采取行动
- 去改变"不良关系":避免被"煤气灯效应"所形容的关系隐性控制;
- 主动采取积极行动,建立未来的"良好关系";
- 利用"量尺问句"工具来制订行动计划,逐步缩小未来与现实的差距。

定期反省
- 定期反省自己与周边的人际关系,厘清"中环"。

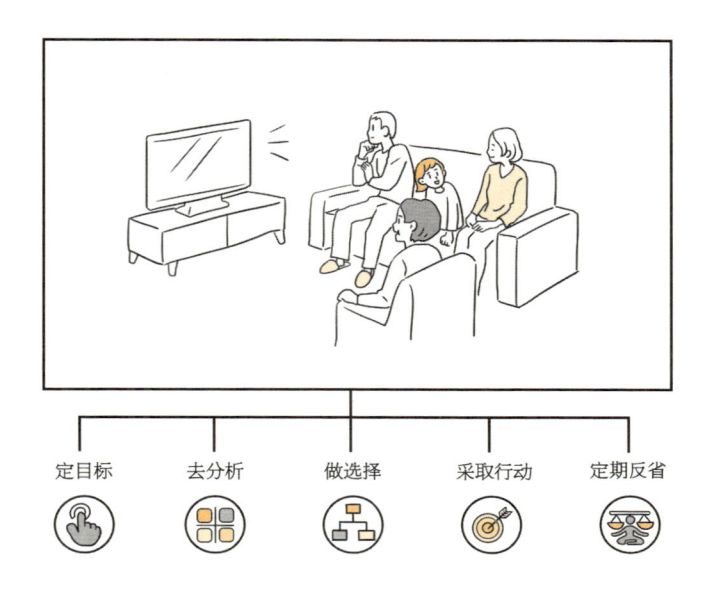

定目标　　去分析　　做选择　　采取行动　　定期反省

整理内心的五个步骤

定目标
- 冥想，带着整理内心的问题，与自己的潜意识对话，发现内心的真实意图。

去分析：依照整理内心的四象限模型
- 把自己的能力、优势和良好心态放在第二象限；
- 把自己的弱势、负能量和不良心态放在第三象限；
- 把未来要保留及扩展的能力、优势和良好心态放在第一象限；
- 把坏毛病和不良心态放在第四象限。

做选择
- 人类的大部分选择是用快系统来处理的，它依赖经验和直觉；
- 面对复杂问题或重大决定，大脑会启动慢系统，理性分析后做出选择；
- 去做擅长、喜欢和有价值的事情；
- 不做：不喜欢、无意义、不创造价值的事；
- 去改变：坏毛病、坏习惯；
- 去培养：积极心态、好习惯；

⊙ 不纠结：做出最符合自己当下需求的选择，并对自己负责。

采取行动
⊙ 用心去做强化自己能力、资源和优势的事；
⊙ 选择要放弃的事情，不要犹豫不决；
⊙ 通过 21 天刻意练习，改变坏习惯；
⊙ 通过反复的积极心理暗示及"自我催眠"来培养积极心态。

定期反省
⊙ 定期反省自己，厘清"内环"。

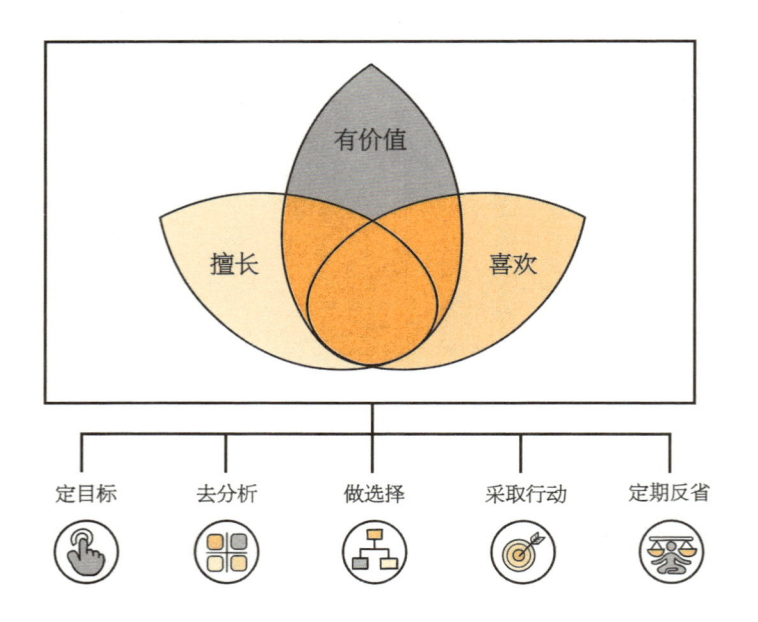

有价值　擅长　喜欢

定目标　去分析　做选择　采取行动　定期反省

平衡整理，让我们的人生觉醒

01 透过整理看见真实的自己

整合运用平衡整理法则中"看见"之法

⭐ **第一个法则——"一个中心"**：
　　看见自己真正需要的和什么是有价值的。

⭐ **第二个法则——"两个层面"**：
　　看见自己的"一个中心"，即"真正需要的和有价值的"是否处于舒适、平衡的状态。

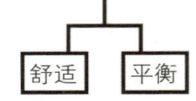

⭐ **第三个法则——"三个维度"**：
　　看见自己是否处于"人、物、空间"及"人、事、时间"的动态平衡状态。

⭐ **第四个法则——"四个象限"**：
　　把周边的物品、人际关系和自己的内心按照时间维度和价值维度来分类，从过去看见自己到底需要什么物品、所拥有的能力、资源和优势；展望未来，看见自己的目标与希望。

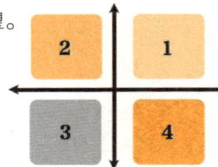

借助"乔哈里窗",开启多维之镜,来更全面地看见自己

> ⭐ "乔哈里窗":按照自我认知及他人对自己的认知之间的差异,把人的内在分为四个部分:
> 自己知道、他人也知道的区域称为"公众我";
> 他人知道,但自己不知道的区域称为"盲目我";
> 自己知道、他人不知道的区域称为"隐藏我";
> 自己不知道、他人也不知道的区域称为"未知我"。
> ⭐ 通过觉察"隐藏我",了解自己想隐藏什么、在担心什么、在恐惧什么。
> ⭐ 以他人为镜,去觉察"盲目我",例如自己不愿意承认的缺点。
> ⭐ 挖掘"未知我"的潜能或特性,人生不设限。

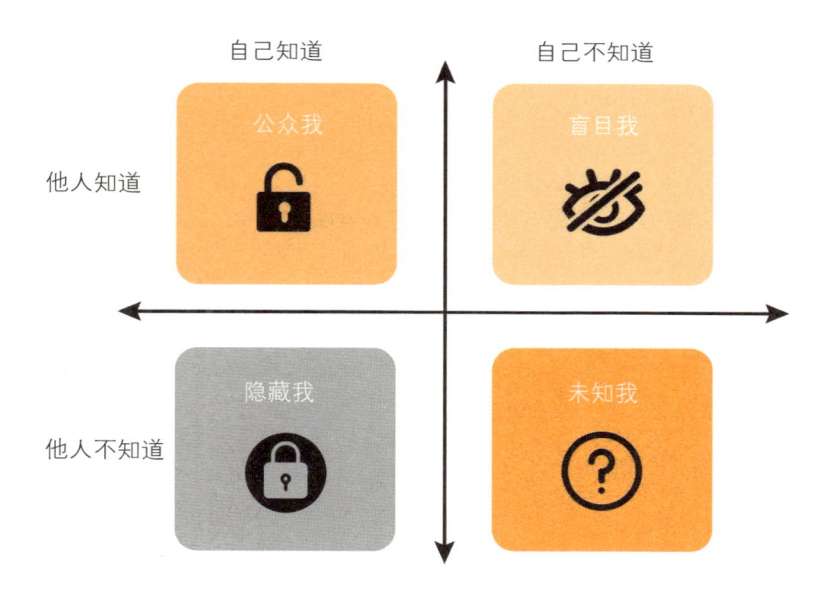

	自己知道	自己不知道
他人知道	公众我 🔓	盲目我
他人不知道	隐藏我 🔒	未知我 ❓

看见的三个阶段：看山是山、看山不是山、看山又是山

- ★ 看见的第一个阶段——"看山是山"：
  "眼见为实"的初级阶段，会被自己的主观判断、生活习性、刻板印象所限制。
- ★ 看见的第二个阶段——"看山不是山"：
  不局限于原有的认知，去掉冗余和干扰，看见自己不同的"相"、不同层次的需求，洞察周边物品和人际关系的本质。
- ★ 看见的第三个阶段——"看山又是山"：
  凡事有阴阳两面，接纳完整的自己。

看见的终极目标：观自在、见本心

- ★ 不受束缚地观察自己和世间的人、事、物，接近"观自在、见本心"的自在、开悟的状态。
- ★ "自问自答，自证自知，自求自得，自性自度"：
  人生是一个不断认识自己的过程，每一个选择构成了自己的人生道路。

02 重新整理你的人生

人生就是一个不断重新构建的过程

⭐ 心理学的重构：
咨询师看懂了来访者的需求后，协助来访者改变其思维模式和行为模式的过程。

⭐ 平衡整理的重构：
通过定目标、去分类、做选择、去收纳、保持动态平衡来整理物品，去重构我们的生活环境和物质世界。

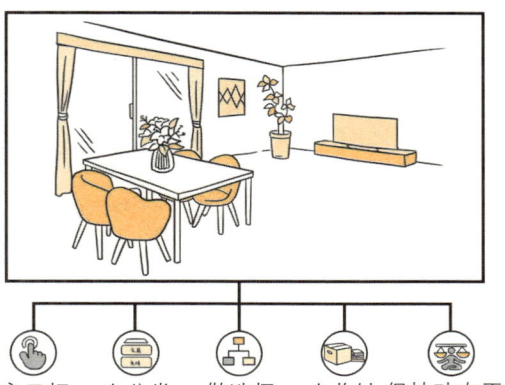

定目标　去分类　做选择　去收纳　保持动态平衡

通过定目标、去分析、做选择、采取行动、定期反省来整理人际关系和内心，去重构我们的人际关系和精神世界。

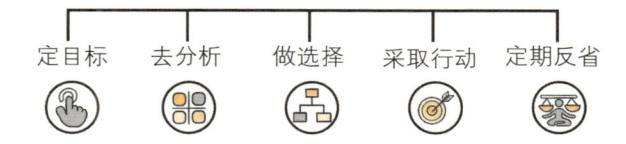

定目标　去分析　做选择　采取行动　定期反省

平衡整理"重构"的方式

⭐ **整合内外，协调物质世界和精神世界：**
观察外环（自己的物品和居所）、中环（人际关系）、内环（自己的精神世界）是否平衡，如果不平衡，用空间管理、时间管理和能量管理的方法，去做加法或减法，来重构新的平衡。

⭐ **平衡阴阳，协调内在能量：**
能量低时，可以主动去提高内在的"阳性"能量：
例如借助"积极心理暗示""寻找梦想成真的迹象""用积极的心态来转化问题和困难""打破惯性思维，创造无限可能"等方法，去创造和突破；而已经过于拼命工作，或者已经过度消耗能量的完美主义者，则需要补充阴性能量，来平衡自己，通过"放下""爱，而不是控制""接纳"等方法，顺势而为，来达到松弛的状态。

03 人生的意义在于体验和创造
——践行平衡整理，通往幸福之路

何谓幸福

⭐ 平衡整理的幸福状态：
家中的物品是我们所喜欢的，生命中的很多人是我们所喜欢的，我们在做自己喜欢、擅长且能创造价值的事情。

人生的意义在于体验和创造

⭐ 幸福的人生就是带着觉察，去体验生命中的每一个当下，去创造我们想要的人生。

⭐ 平衡整理的生活方式：
掌控自己的主权，做自己喜欢的事，活出真正的自我。好好地爱自己，而后好好地爱他人。
把自己活成一道光、一座灯塔，去绽放美好，去照亮身边的人。

《平衡整理：从物品整理到人生整理》为我们打开了一道通向自我认知与内在平衡之门。这本书引领我们透过整理物品的表象，触及心灵的深处，摒弃过度的物质追求，使我们的精神花园得以滋养。

孙时进

复旦大学心理研究中心主任、中国心理学会监事长
中国社会心理学会整合心理学专业委员会主任

《易经》的核心理念可归纳为八个字：阴阳、变化、规律、平衡。"平衡整理"正是一种契合中国传统文化理念并使之发扬光大的生活哲学。

褚良才

浙江大学周易文化和孙子兵法知名研究学者

"平衡整理"是一门提升女性幸福感的生活实践哲学。在当今社会，女性肩负着多重身份与角色，唯有在有限的时间与纷繁的事务中求得平衡，才能更好地享受生活的美好与纯粹，活出圆满的人生。

王永

品牌联盟董事长、中国品牌节主席
中国品牌节女性论坛及中国品牌女性俱乐部发起人

在我们感到迷茫的时候，不妨实践一下平衡整理之道。简化生活，去繁就简，摒弃那些多余的物品和无用的关系，涤荡心中的杂念。通过为人生做减法，让我们得以明心见性，真正领悟生活的真谛。

吕翠峰

青岛思锐国际物流有限公司创始人、总裁
上海果锐信息科技有限公司董事长
中非民间商会副会长、上海市三八红旗手
中欧国际工商学院女性领导力联盟合花会会长